WORD CLOUD

The word cloud below shows all of the 6-letter words from Chapter 1 of *Danger in the White House* .

Practice writing in cursive by writing ten words from the word cloud.

AF887780

DANGER IN THE WHITE HOUSE

Chapter 1 words - Match with the definition.

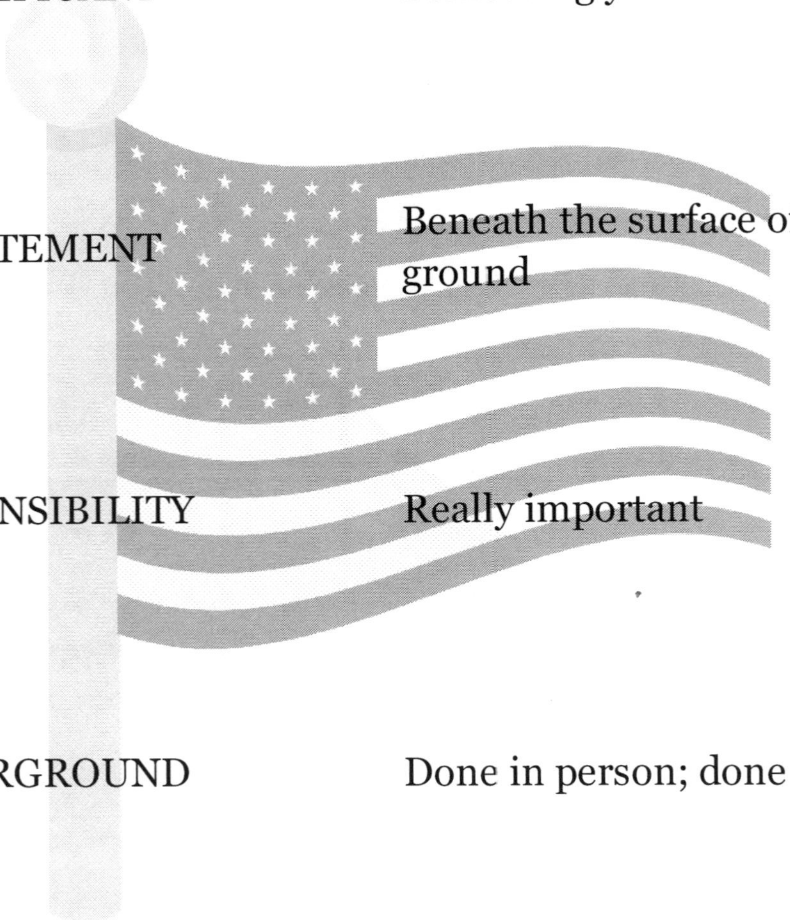

SIGNIFICANT	Something you have to do
EXCITEMENT	Beneath the surface of the ground
RESPONSIBILITY	Really important
UNDERGROUND	Done in person; done by me
PERSONALLY	Done in a state of happiness

SEAN'S BIG WORDS SEARCH

Q	U	L	P	T	E	P	Z	L	M	P	A	Y	L	X	B
H	U	T	N	E	M	E	T	I	C	X	E	J	Z	E	X
N	P	F	J	J	Q	J	W	N	Z	P	M	O	H	M	G
P	U	D	R	A	M	A	T	I	C	A	L	L	Y	R	N
L	Y	T	I	L	I	B	I	S	N	O	P	S	E	R	I
E	C	X	T	N	A	C	I	F	I	N	G	I	S	J	N
A	U	N	D	E	R	G	R	O	U	N	D	Q	M	S	G
S	Y	L	E	T	U	L	O	S	B	A	J	A	L	X	I
A	G	Y	L	E	T	E	L	P	M	O	C	Z	C	R	A
N	V	X	N	O	I	T	C	I	V	N	O	C	G	X	P
T	F	N	R	A	R	I	F	K	X	U	P	J	S	J	M
R	T	N	U	R	W	M	P	T	B	G	C	E	Z	Q	A
I	Y	L	G	N	I	M	L	E	H	W	R	E	V	O	C
E	Y	L	L	A	N	O	S	R	E	P	G	K	G	H	C
S	A	U	S	W	Y	B	Z	B	T	O	G	K	W	L	U

EXCITEMENT	OVERWHELMINGLY	SIGNIFICANT
PERSONALLY	RESPONSIBILITY	UNDERGROUND
CAMPAIGNING	DRAMATICALLY	ABSOLUTELY
COMPLETELY	PLEASANTRIES	CONVICTION

DANGER IN THE WHITE HOUSE

Chapter 1 words - Match with the definition.

DRAMATICALLY	All
CAMPAIGNING	Nice words during conversation
COMPLETELY	A firm belief in something
PLEASANTRIES	Done with flair
CONVICTION	Asking people to vote for you

ALAINA'S AMAZING MAZE

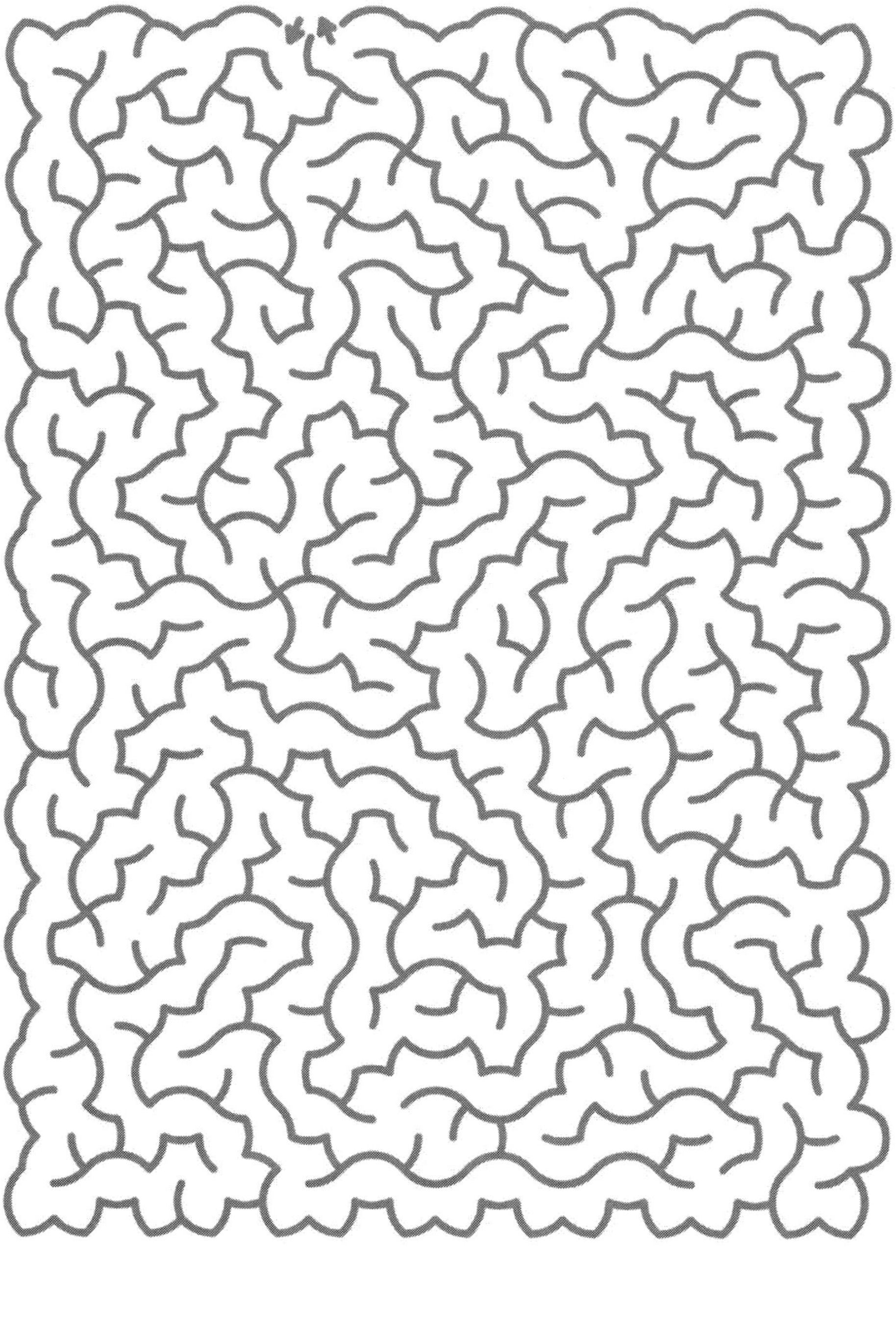

Use the alphabet clues to solve Alaina's Cryptogram

A	B	C	D	E	F	G	H	I	J	K	L	M
W	K	Z	Y	J	A	N	C	D	E	X	H	I

N	O	P	Q	R	S	T	U	V	W	X	Y	Z
V	Q	L	G	M	F	O	P	R	S	T	B	U

S	M	G	I

X	L	J

U	T	A	J	V

A	M	X	L	M	G

D	T	Z

DANGER IN THE WHITE HOUSE

Chapter 1 words - Match with the definition.

ATTENTION	Using your ears to hear things
BALANCING	Fixed to make right
CORRECTED	Listening to what people say
FORGOTTEN	Staying on your feet when you are all wobbly
LISTENING	Something you don't remember

THE DANGER TWINS LOVE TO TRAVEL

Can you draw a line from each state capitol to the correct number that represents the distance to the White House?

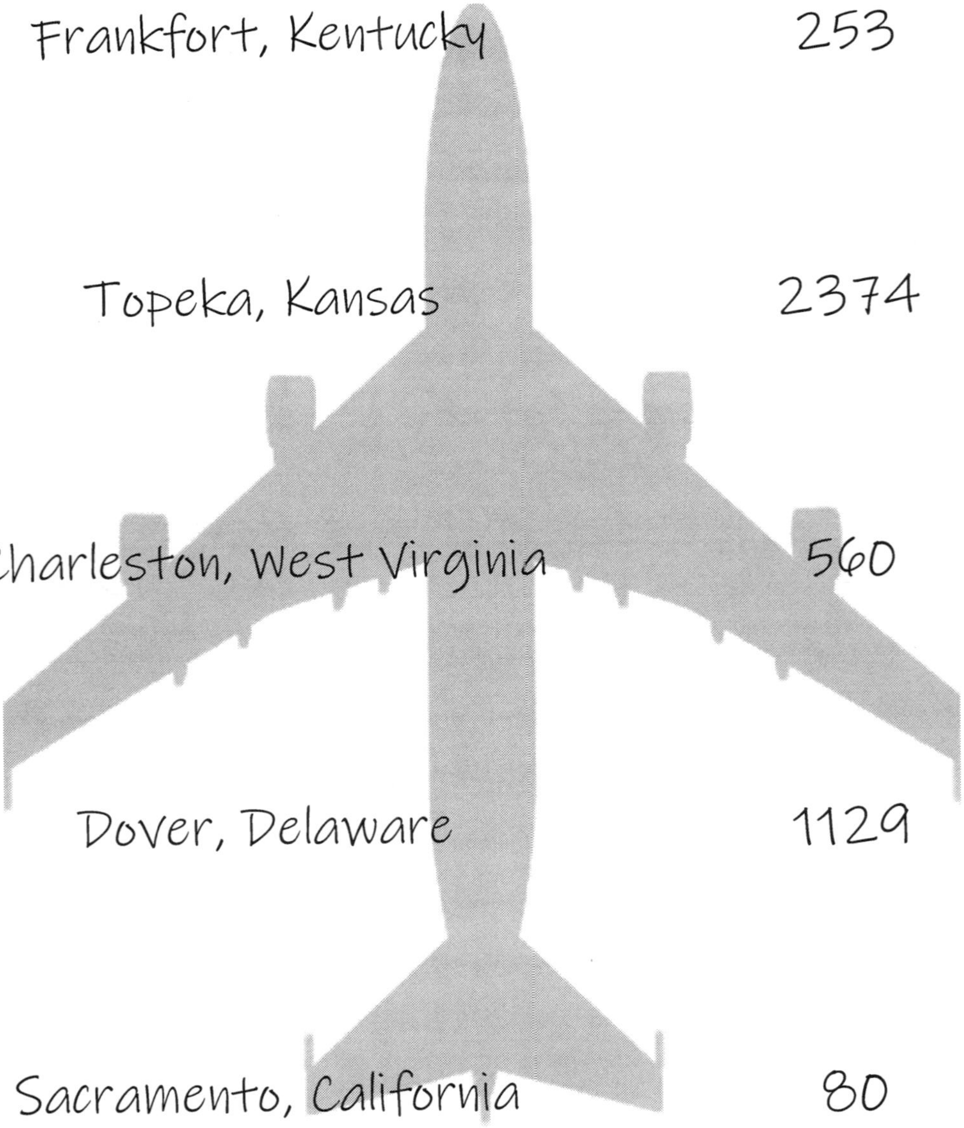

Frankfort, Kentucky	253
Topeka, Kansas	2374
Charleston, West Virginia	560
Dover, Delaware	1129
Sacramento, California	80

SEAN'S BIG WORDS SEARCH

E	X	J	W	A	T	C	H	I	N	G	K	S	M	R	H
S	Y	Y	F	O	R	G	O	T	T	E	N	Q	V	E	U
U	L	L	I	S	T	E	N	I	N	G	F	U	G	E	P
O	G	K	N	F	W	W	N	B	A	L	L	O	T	S	U
I	N	C	Y	O	Y	L	S	U	O	I	R	E	S	Y	D
R	I	I	F	X	I	W	C	L	Z	V	S	H	N	T	E
O	M	U	X	S	B	T	Q	H	Q	V	T	Q	G	L	N
L	E	Q	G	N	I	C	N	A	L	A	B	A	I	A	E
G	E	V	U	D	E	T	C	E	R	R	O	C	A	I	T
V	S	X	J	H	V	Z	S	H	T	J	L	U	P	C	H
S	T	N	E	N	A	M	R	E	P	T	M	H	M	E	G
M	X	N	R	E	M	E	M	B	E	R	A	I	A	P	I
X	R	S	T	A	Y	L	L	A	M	R	O	N	C	S	T
S	O	B	S	T	A	C	L	E	M	C	C	I	J	O	Q
Z	N	T	Y	U	I	U	I	V	Z	K	M	P	W	M	D

ATTENTION	NORMALLY	CORRECTED	GLORIOUS
PERMANENT	BALANCING	LISTENING	FORGOTTEN
SEEMINGLY	CAMPAIGN	OBSTACLE	BALLOTS
SERIOUSLY	TIGHTENED	QUICKLY	SPECIALTY
WATCHING		REMEMBER	

DANGER IN THE WHITE HOUSE

Chapter 1 words - Match with the definition.

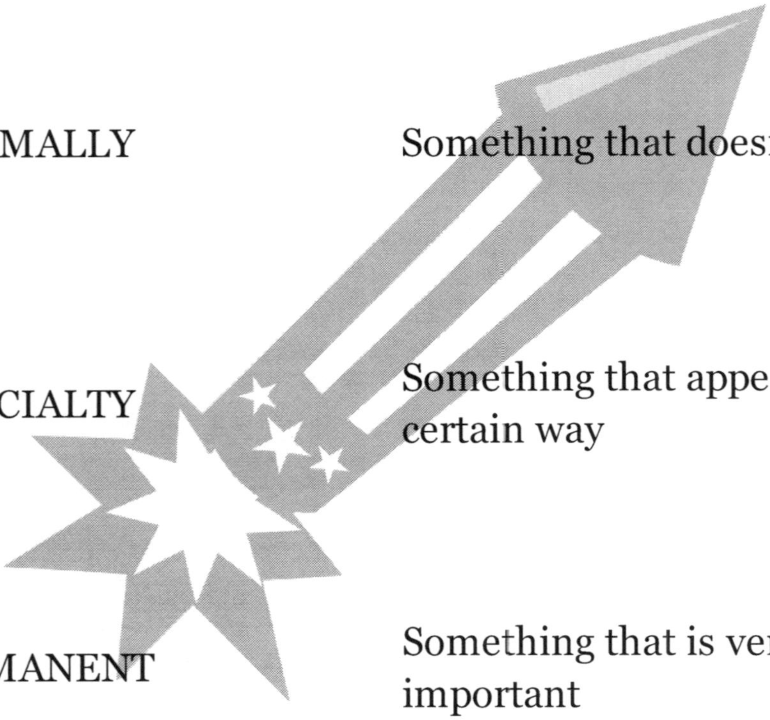

SEEMINGLY	Something you are very good at doing
NORMALLY	Something that doesn't change
SPECIALTY	Something that appears to be a certain way
PERMANENT	Something that is very important
SERIOUSLY	Usual; something that doesn't seem changed

ALAINA'S AMAZING MAZE

DANGER IN THE WHITE HOUSE

Chapter 1 words - Match with the definition.

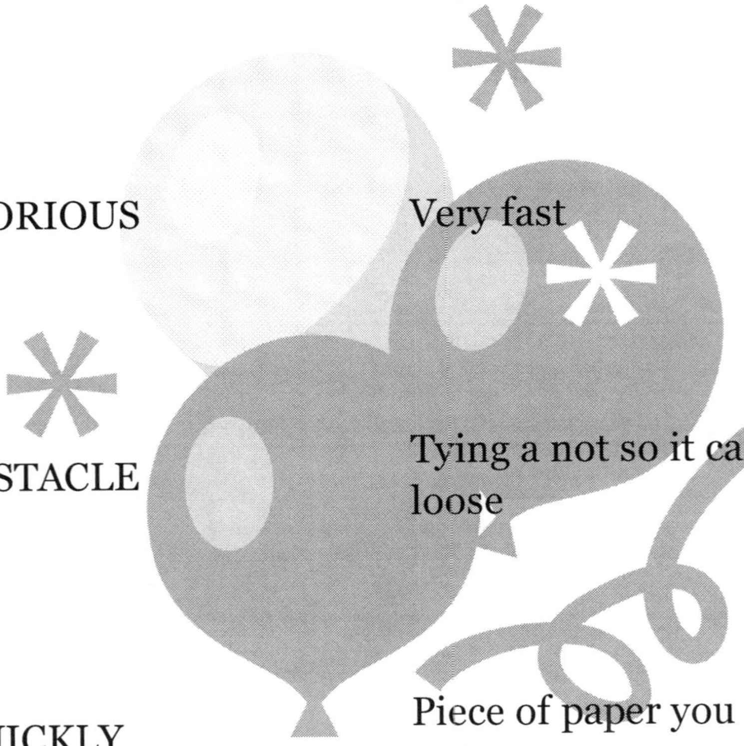

TIGHTENED	Something that gets in your way
GLORIOUS	Very fast
OBSTACLE	Tying a not so it can't come loose
QUICKLY	Piece of paper you can vote with
BALLOTS	Enjoyable, excellent, fantastic

WORD CLOUD

The word cloud below shows all of the 7-letter words from
Chapter 2 of *Danger in the White House* .

Practice writing in cursive by writing ten words from the word cloud.

DANGER IN THE WHITE HOUSE

Chapter 2 words - Match with the definition.

COINCIDENCE	Something that shows your picture and name
TRANSPORTATION	Trying to beat something
COMPETITION	Two things happening at the same time by chance
IDENTIFICATION	Agreement
CONCURRENCE	Something you ride that gets you from one place to another

SEAN'S BIG WORDS SEARCH

V	E	C	N	E	R	R	U	C	N	O	C	I	N	H	N
S	Y	L	E	T	I	N	I	F	E	D	N	D	N	C	M
B	S	Z	L	A	I	T	N	E	D	I	S	E	R	P	D
V	U	Y	P	T	L	Q	U	G	O	I	Z	N	G	R	H
J	C	O	I	N	C	I	D	E	N	C	E	T	N	Z	V
D	S	C	R	U	T	I	N	I	Z	E	D	I	I	H	C
R	N	O	I	T	I	T	E	P	M	O	C	F	N	G	A
F	L	O	U	R	I	S	H	I	N	G	P	I	R	C	U
F	A	F	K	H	F	D	L	D	J	N	M	C	E	H	T
X	B	X	Y	E	P	O	T	F	J	Y	R	A	C	H	I
U	J	G	K	F	M	S	S	F	K	D	P	T	N	P	O
C	T	R	A	N	S	P	O	R	T	A	T	I	O	N	U
F	G	N	I	T	S	E	R	E	T	N	I	O	C	I	S
B	R	W	R	M	B	Z	O	A	M	T	W	N	D	V	L
T	T	G	U	W	R	U	J	Y	V	P	Y	C	C	K	Y

IDENTIFICATION
TRANSPORTATION
PRESIDENTIAL
COINCIDENCE
CONCURRENCE
COMPETITION
FLOURISHING
INTERESTING
SCRUTINIZED
CAUTIOUSLY
CONCERNING
DEFINITELY

DANGER IN THE WHITE HOUSE

Chapter 2 words - Match with the definition.

CAUTIOUSLY	Looked at very seriously
SCRUTINIZED	Absolutely no doubt that something is true or will happen
FLOURISHING	Regarding to or about; An idea that makes you worry when you think about it
DEFINITELY	Doing really well
CONCERNING	Doing something slowly with purpose to make sure you don't get hurt

ALAINA'S AMAZING MAZE

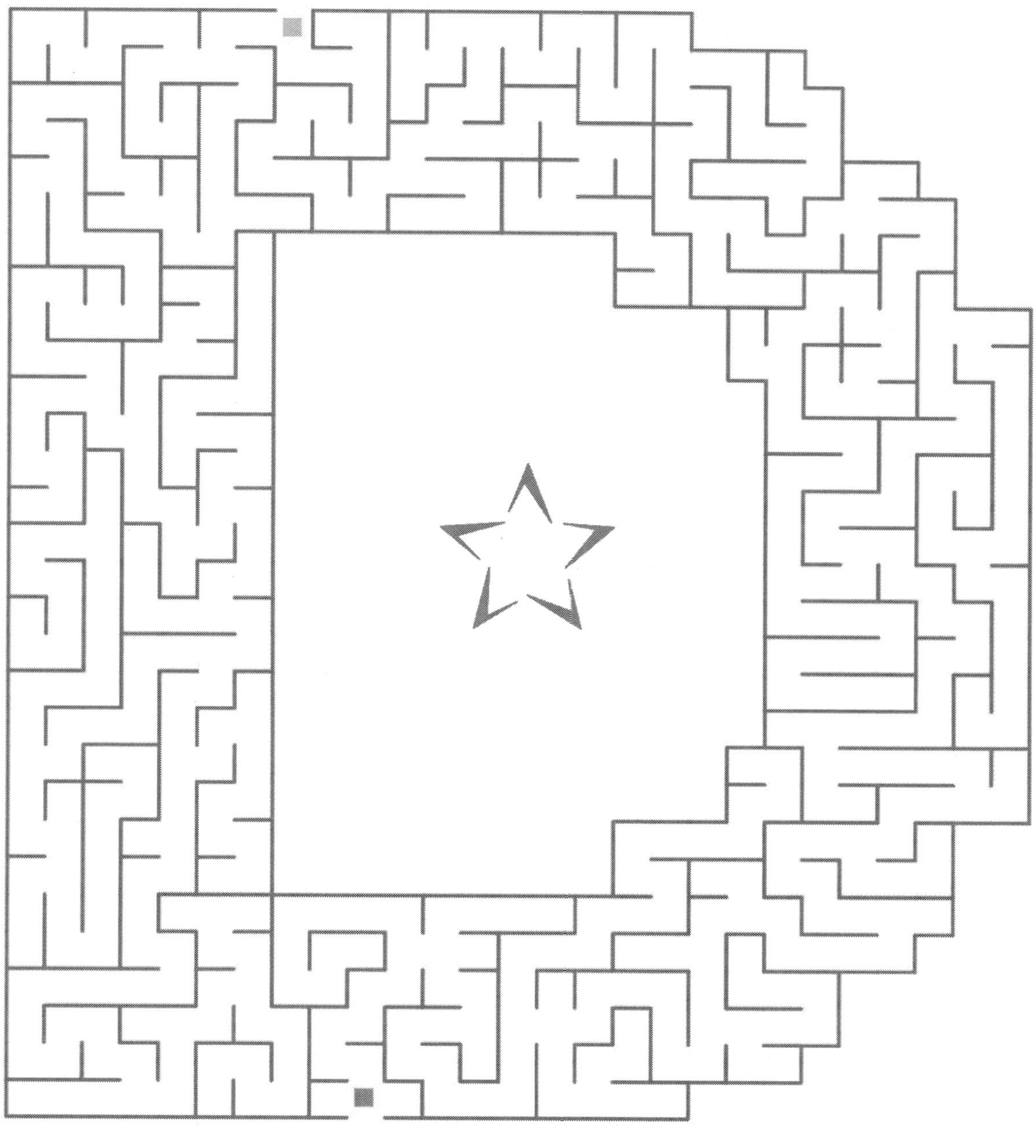

DANGER TWINS TRIVIA

Can you draw a line from the President to animal that he kept in the White House?

President Ronald Reagan

President Gerald Ford

President William "Bill" Clinton

President George W. Bush

President Jimmy Carter

Barney & Ms. Beazley the Scottish Terriers

Liberty the Golden Retriever

Grits the Collie & Misty Malarky Ying Yang the Siamese

Rex the King Charles Spaniel

Socks the Cat & Buddy the Chocolate Lab

DANGER IN THE WHITE HOUSE

Chapter 2 words - Match with the definition.

GLISTENING	How to travel from one place to another without getting lost
HOMECOMING	Something you do that lets people know they are on your mind
NAVIGATION	Reflect a sparkling light
THOUGHTFUL	When you and someone else decide in the same way
AGREEMENT	The act of coming back home

Can you make 20 words or more from the following three words?

THE DANGER TWINS

SEAN'S BIG WORDS SEARCH

U	F	H	U	W	K	P	H	L	Y	U	C	Y	X	T	W
F	C	U	C	N	O	I	T	A	G	I	V	A	N	K	D
G	R	S	I	S	E	S	G	N	I	L	G	N	A	D	A
V	E	A	G	R	E	E	M	E	N	T	G	D	F	Q	R
M	A	T	L	V	C	U	D	V	M	N	T	E	L	X	K
G	T	C	S	D	H	T	Y	O	I	H	P	I	N	C	N
N	U	H	Q	Y	C	G	O	L	O	W	K	G	D	W	E
I	R	E	Y	X	P	N	W	U	D	E	T	U	L	A	S
N	E	L	K	L	L	O	G	S	E	C	O	N	D	S	S
E	S	X	T	I	R	H	O	M	E	C	O	M	I	N	G
T	V	O	G	P	T	L	U	F	I	T	U	A	E	B	N
S	B	H	N	F	N	N	T	N	E	M	E	V	O	M	D
I	T	Y	U	Z	H	Q	K	V	S	R	E	W	O	L	F
L	O	L	O	R	Y	U	S	U	N	R	E	V	A	C	W
G	R	Z	A	W	K	W	A	R	D	L	Y	Y	U	Q	E

GLISTENING	HOMECOMING	NAVIGATION	THOUGHTFUL
AGREEMENT	AWKWARDLY	BEAUTIFUL	CREATURES
MOONLIGHT	DANGLING	DARKNESS	MOVEMENT
PROWLING	FLOWERS	SALUTED	SATCHEL
SECONDS		CAVERN	

DANGER IN THE WHITE HOUSE

Chapter 2 words - Match with the definition.

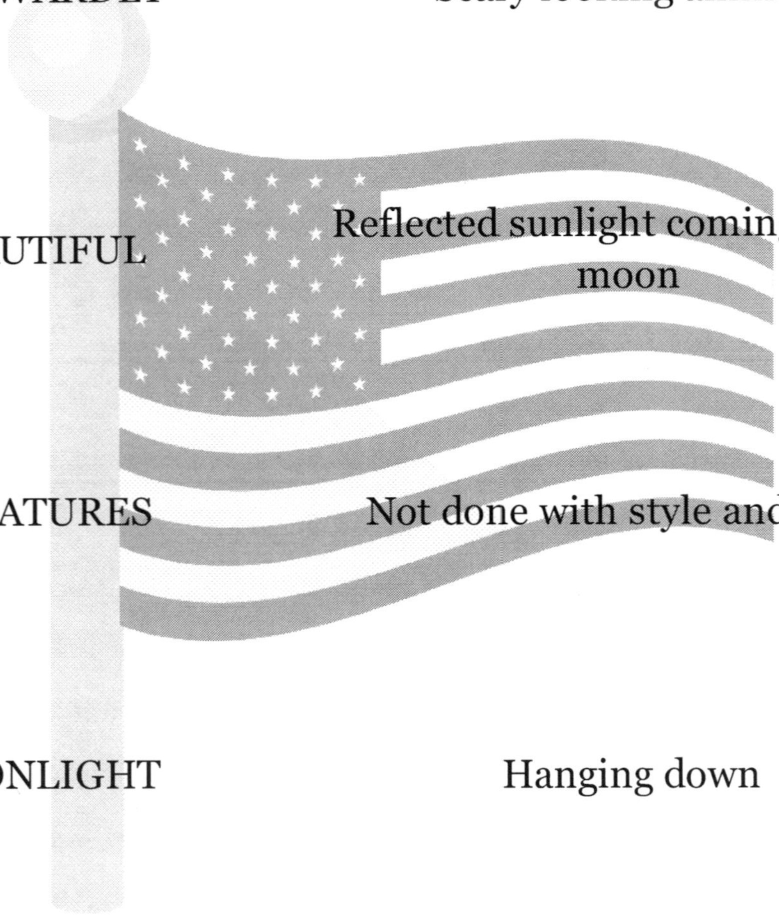

AWKWARDLY	Scary looking animals
BEAUTIFUL	Reflected sunlight coming off the moon
CREATURES	Not done with style and grace
MOONLIGHT	Hanging down
DANGLING	Looks really nice and makes you happy to look at

ALAINA'S AMAZING MAZE

DANGER IN THE WHITE HOUSE

Chapter 2 words - Match with the definition.

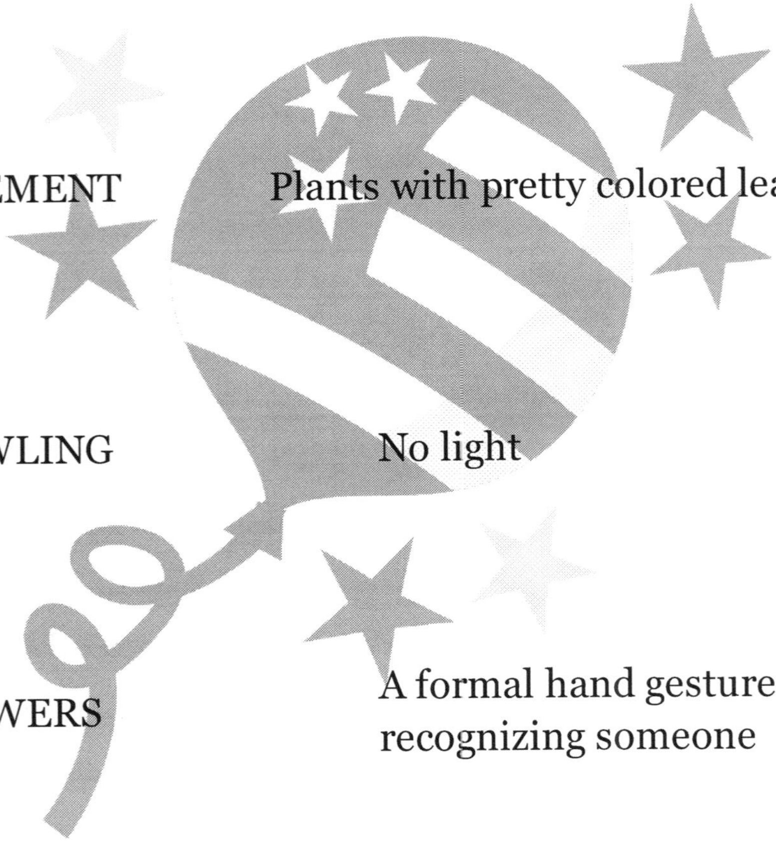

DARKNESS	Quietly looking around while trying not to be seen
MOVEMENT	Plants with pretty colored leaves
PROWLING	No light
FLOWERS	A formal hand gesture recognizing someone
SALUTED	Not staying in one place

WORD CLOUD

The word cloud below shows all of the 5-letter words from
Chapter 3 of Danger in the White House.

Practice writing in cursive by writing ten words from the word cloud.

DANGER IN THE WHITE HOUSE

Chapter 3 words - Match with the definition.

CONGRATULATIONS	Something that makes it harder for you to do things than for other people
DISABILITIES	Sadly
QUESTIONS	Telling someone you are happy for something difficult they did
UNFORTUNATELY	Someone who helps you
ASSISTANT	Asking for more information

SEAN'S BIG WORDS SEARCH

C	P	D	Y	L	E	T	A	N	U	T	R	O	F	N	U
Z	A	T	E	C	H	N	I	C	A	L	L	Y	Q	I	P
K	V	B	R	P	D	H	J	P	R	I	B	S	A	T	G
L	A	U	I	Q	V	L	H	G	W	O	I	Z	V	R	N
E	M	K	F	N	D	N	D	A	Z	F	G	A	T	J	I
C	Q	Y	Z	F	E	E	X	X	R	P	J	P	Q	N	Z
N	P	E	K	L	Z	T	H	R	K	O	P	H	C	W	I
E	P	B	J	Z	Y	M	J	C	W	V	S	Z	J	W	N
D	S	E	I	T	I	L	I	B	A	S	I	D	K	H	G
I	E	V	A	L	J	F	Q	N	G	O	Z	B	T	L	O
F	S	N	O	I	T	A	L	U	T	A	R	G	N	O	C
N	E	S	P	E	C	I	A	L	L	Y	A	P	Q	D	E
O	A	I	N	A	V	L	Y	S	N	N	E	P	P	E	R
C	S	N	O	I	T	S	E	U	Q	E	N	X	Z	A	S
N	X	A	A	S	S	I	S	T	A	N	T	U	D	E	M

DISABILITIES
CONGRATULATIONS
QUESTIONS
ASSISTANT
ESPECIALLY
PENNSYLVANIA
UNFORTUNATELY
CONFIDENCE
CABINET
TECHNICALLY
RECOGNIZING
APPROACHED

DANGER IN THE WHITE HOUSE

Chapter 3 words - Match with the definition.

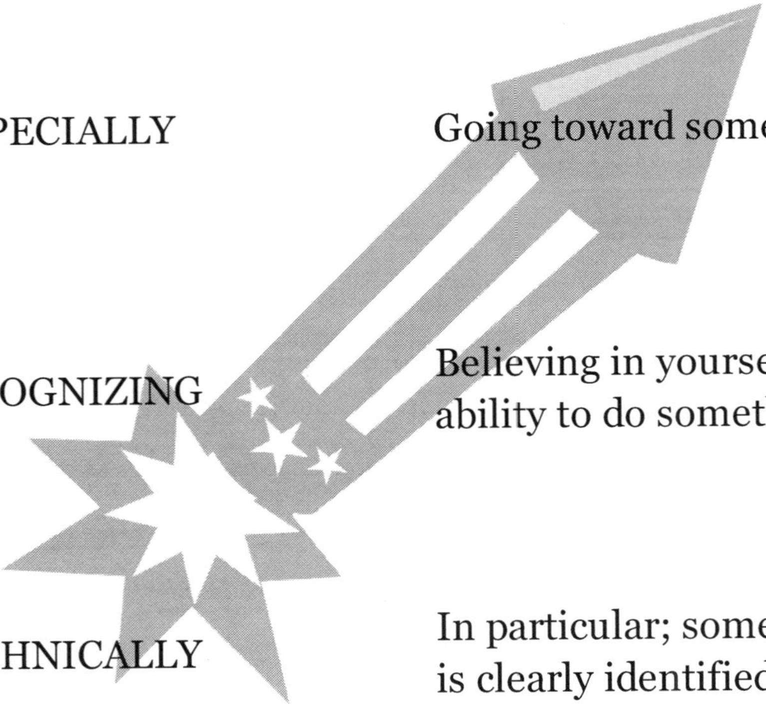

CONFIDENCE	Something that requires a lot of science knowledge
ESPECIALLY	Going toward something
RECOGNIZING	Believing in yourself and your ability to do something
TECHNICALLY	In particular; something that is clearly identified
APPROACHED	Looking familiar enough to identify

ALAINA'S AMAZING MAZE

DANGER TWINS TRIVIA

Can you draw a line from the President to what he added to the White House?

President James Buchanan

The East Wing

President Franklin D. Roosevelt

Thirty Two Solar Panels

President Jimmy Carter

Greenhouse

President Theodore "Teddy" Roosevelt

Outdoor Pool

President Gerald Ford

Tennis Courts

DANGER IN THE WHITE HOUSE

Chapter 3 words - Match with the definition.

GOVERNMENT	Meant for only one person or activity
HELICOPTER	The city where the government of the USA has all its buildings
DEDICATED	A small group of people elected to serve the needs of a big group of people
WASHINGTON	An activity that causes you a little fear while doing it
DAUNTING	An aircraft with the blades on top so it can go straight up and down

DANGER TWINS MATH

Solve each math problem.
Then circle the correct answer to the question.

52 x 2 +782 =

103 x 4 =

How many doors are in the White House?

22 X 6 =

582 - 317 =

How many rooms are in the Whitehouse?

3211 - 3209 =

2 x 5 + 27 =

How many elevators are in the White House?

847 + 569 + 375 =

720 + 746 + 502 =

In what year was the location
for the White House selected?

SEAN'S BIG WORDS SEARCH

L	N	O	V	E	M	B	E	R	Z	C	M	Q	T	W	K
M	T	F	I	V	W	H	Z	D	Q	C	L	X	W	I	N
A	J	A	C	P	L	A	E	H	A	S	D	E	A	E	A
G	G	O	V	E	R	N	M	E	N	T	E	C	S	X	E
N	Z	C	Q	D	I	D	E	L	N	U	T	N	H	I	K
I	F	B	H	A	M	E	M	I	D	B	A	A	I	N	R
T	T	D	L	U	D	R	O	C	S	E	C	R	N	S	I
U	N	P	E	N	R	U	R	O	I	X	I	T	G	T	M
D	X	S	F	T	B	S	I	P	T	E	D	N	T	A	P
E	U	W	S	I	D	A	E	T	U	C	E	E	O	L	R
M	V	Y	K	N	G	E	S	E	A	U	D	Y	N	L	E
Z	N	W	J	G	N	R	O	R	T	T	F	M	G	E	S
Y	E	H	H	Z	Z	T	S	P	I	I	N	O	N	D	S
C	O	U	N	T	R	Y	J	D	O	V	A	X	C	C	E
D	D	I	R	E	C	T	I	O	N	E	U	W	E	C	D

HELICOPTER	GOVERNMENT	WASHINGTON	DAUNTING
DEDICATED	DIRECTION	ENTRANCE	EXECUTIVE
EXPLAINED	IMPRESSED	MAGNITUDE	INSTALLED
NOVEMBER	TREASURED	MEMORIES	SITUATION
COUNTRY		MUSEUM	

DANGER IN THE WHITE HOUSE

Chapter 3 words - Match with the definition.

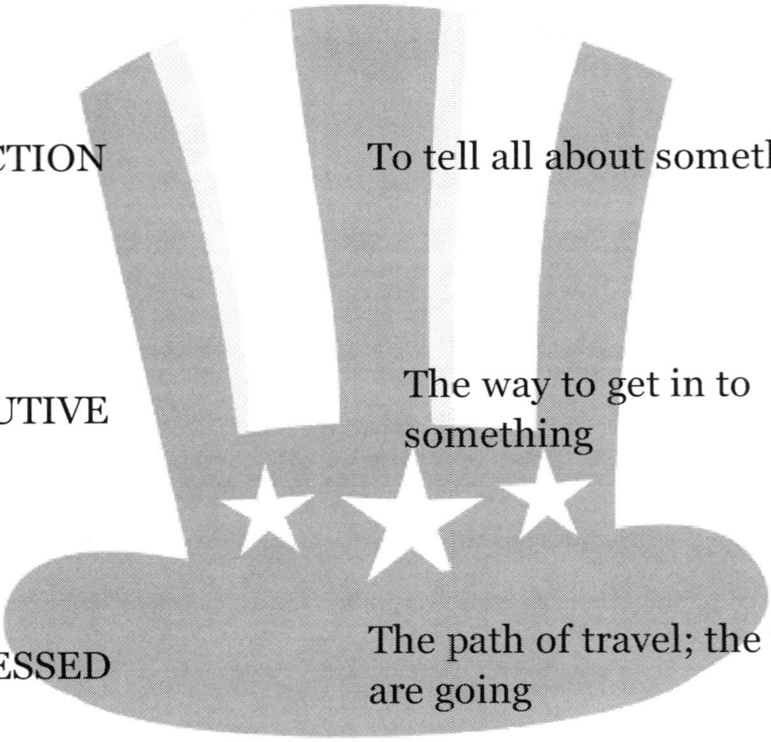

ENTRANCE	Someone in charge of people and making things happen
DIRECTION	To tell all about something
EXECUTIVE	The way to get in to something
IMPRESSED	The path of travel; the way you are going
EXPLAINED	To affect deeply in mind, feelings, or opinion

ALAINA'S AMAZING MAZE

OUTFIT SEAN

Color Sean in your favorite patriotic colors
for his trip to the White House.

DANGER IN THE WHITE HOUSE

Chapter 3 words - Match with the definition.

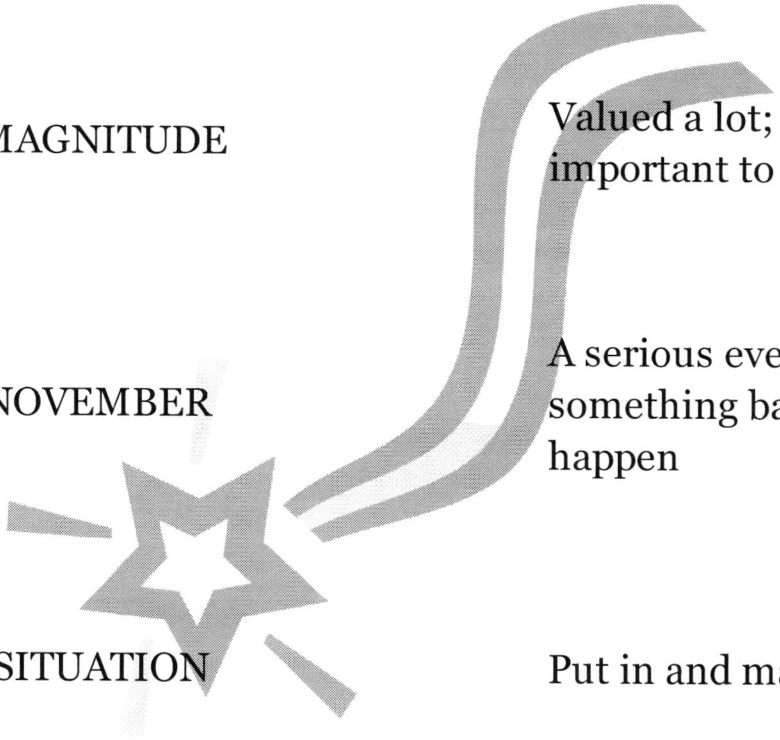

INSTALLED	The 11th month of the year - Election time
MAGNITUDE	Valued a lot; very important to you
NOVEMBER	A serious event where something bad could happen
SITUATION	Put in and made to work
TREASURED	Of great importance

WORD CLOUD

The word cloud below shows all of the 4-letter words from Chapter 4 of *Danger in the White House* .

Practice writing in cursive by writing ten words from the word cloud.

___________________________ ___________________________

___________________________ ___________________________

___________________________ ___________________________

___________________________ ___________________________

___________________________ ___________________________

DANGER IN THE WHITE HOUSE

Chapter 4 words - Match with the definition.

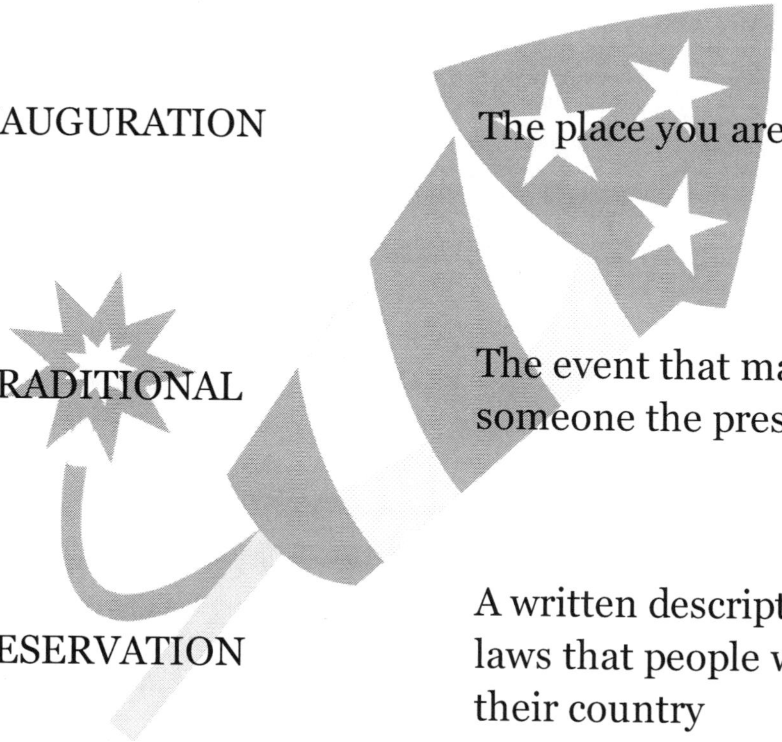

CONSTITUTION	Something that is done the same way as your family has always done it
INAUGURATION	The place you are going to
TRADITIONAL	The event that makes someone the president
RESERVATION	A written description of the laws that people want for their country
DESTINATION	A hesitancy to do something

SEAN'S BIG WORDS SEARCH

C	N	C	H	P	N	O	I	T	A	N	I	T	S	E	D
F	E	O	E	L	B	A	T	R	O	F	M	O	C	C	J
Z	J	N	T	H	O	Q	W	C	M	V	W	P	M	O	V
Y	P	S	W	R	R	I	I	V	M	D	F	L	U	A	B
L	K	T	L	S	A	O	K	W	N	K	Z	Z	D	U	M
L	Z	I	V	N	Z	D	X	W	K	H	O	H	Q	R	G
A	U	T	G	X	N	O	I	T	A	V	R	E	S	E	R
I	H	U	R	L	A	K	R	T	X	X	L	B	U	C	A
C	F	T	N	O	I	T	A	G	I	L	B	O	J	O	C
I	S	I	Q	M	T	N	V	U	U	O	Z	Z	X	G	E
F	N	O	I	T	A	R	U	G	U	A	N	I	D	N	F
F	Q	N	Q	V	G	U	S	P	C	M	K	A	A	I	U
O	V	U	V	V	H	U	G	M	E	O	X	Q	L	Z	L
Z	C	I	Y	S	S	E	R	T	S	M	A	E	S	E	L
C	P	Y	L	L	U	F	H	T	I	A	F	V	B	D	Y

RESERVATION	INAUGURATION	CONSTITUTION	TRADITIONAL
DESTINATION	COMFORTABLE	SEAMSTRESS	RECOGNIZED
FAITHFULLY	GRACEFULLY	OBLIGATION	OFFICIALLY

DANGER IN THE WHITE HOUSE

Chapter 4 words - Match with the definition.

OFFICIALLY	Looked familiar enough to identify
SEAMSTRESS	Something that makes you feel good
RECOGNIZED	Required to do something
COMFORTABLE	Someone that makes or fixes clothes
OBLIGATION	Done by someone in a position of trust or authority

ALAINA'S AMAZING MAZE

THE DANGER TWINS LOVE TO TRAVEL

Can you draw a line from each state capitol to the correct number that represents the distance to the White House?

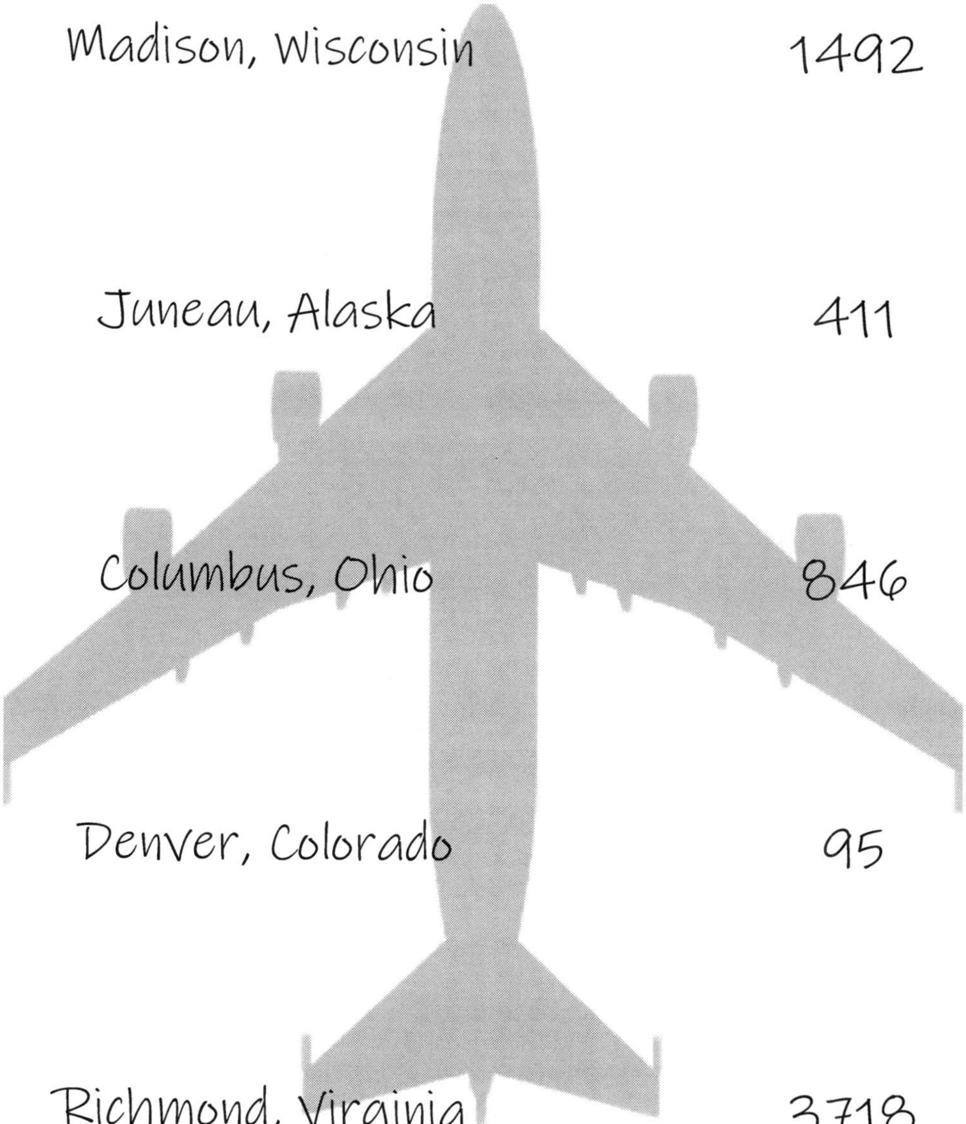

Madison, Wisconsin	1492
Juneau, Alaska	411
Columbus, Ohio	846
Denver, Colorado	95
Richmond, Virginia	3718

DANGER IN THE WHITE HOUSE

Chapter 4 words - Match with the definition.

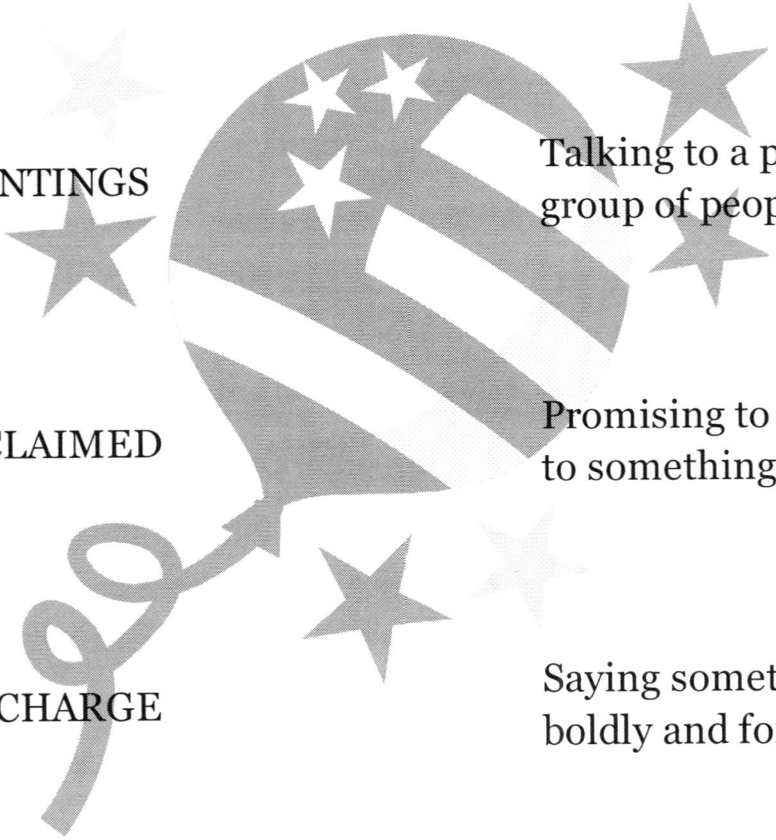

ALLEGIANCE	To complete
PAINTINGS	Talking to a person or group of people
EXCLAIMED	Promising to be loyal to something
DISCHARGE	Saying something boldly and forcefully
ADDRESSING	Pictures made using colored liquid

Can you make 20 words or more from the following two words?

ALAINA DANGER

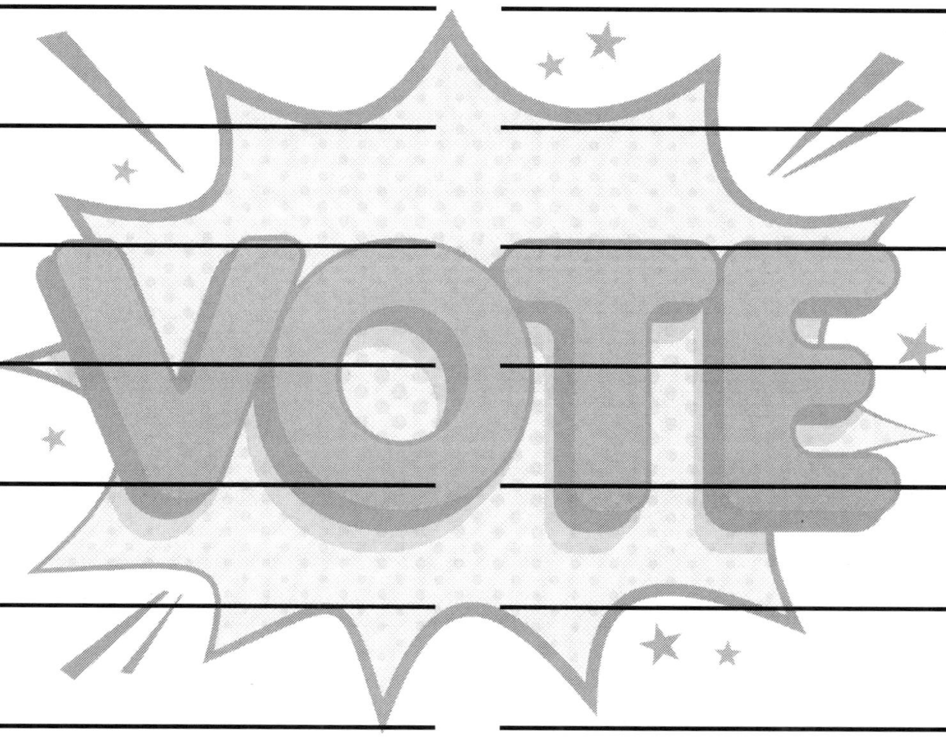

SEAN'S BIG WORDS SEARCH

O	N	C	Z	C	P	Z	Z	I	K	I	H	O	J	I	T
S	F	U	D	O	M	E	S	T	I	C	S	B	R	A	A
K	Y	R	S	D	R	A	W	K	C	A	B	E	D	Q	K
W	A	T	P	W	U	Z	B	D	R	O	A	G	G	D	S
S	U	A	U	Z	Y	W	N	E	O	D	M	R	K	E	G
N	N	I	Z	W	R	A	M	O	D	X	F	A	A	M	N
O	U	N	Z	E	D	A	L	R	Y	R	N	H	S	I	I
I	S	S	L	U	C	C	E	L	W	G	O	C	S	A	D
S	U	U	E	V	V	S	K	A	E	N	J	S	E	L	L
I	A	O	D	P	S	L	S	H	X	G	L	I	S	C	I
C	L	P	A	I	N	T	I	N	G	S	I	D	S	X	U
E	C	S	N	S	A	L	L	O	W	E	D	A	I	E	B
D	Z	G	W	O	I	W	Q	K	C	T	Q	C	N	K	E
W	O	N	D	E	R	E	D	R	W	L	H	D	G	C	L
B	Y	L	N	M	E	L	O	S	P	A	R	D	O	N	E

PAINTINGS ALLEGIANCE EXCLAIMED DISCHARGE

DECISIONS BACKWARDS ADDRESSING BUILDINGS

ASSESSING WONDERED SOLEMNLY DOMESTIC

CURTAINS UNUSUAL PUZZLED CAMERAS

ALLOWED PARDON

DANGER IN THE WHITE HOUSE

Chapter 4 words - Match with the definition.

BUILDINGS	Questioning something in your mind
DECISIONS	The opposite of forewords or doing something differently
ASSESSING	A place built by people to use for a place to meet
WONDERED	Act or process of deciding (resolving to do something)
BACKWARDS	Thinking about how to do something

ALAINA'S AMAZING MAZE

DANGER IN THE WHITE HOUSE

Chapter 4 words - Match with the definition.

SOLEMNLY	Something that is not what you expected or is a little strange
DOMESTIC	A large piece of cloth that covers the windows
CURTAINS	Doing something quietly due to sadness
UNUSUAL	Wondering about something because the answer is not obvious
PUZZLED	Something that comes from your home country

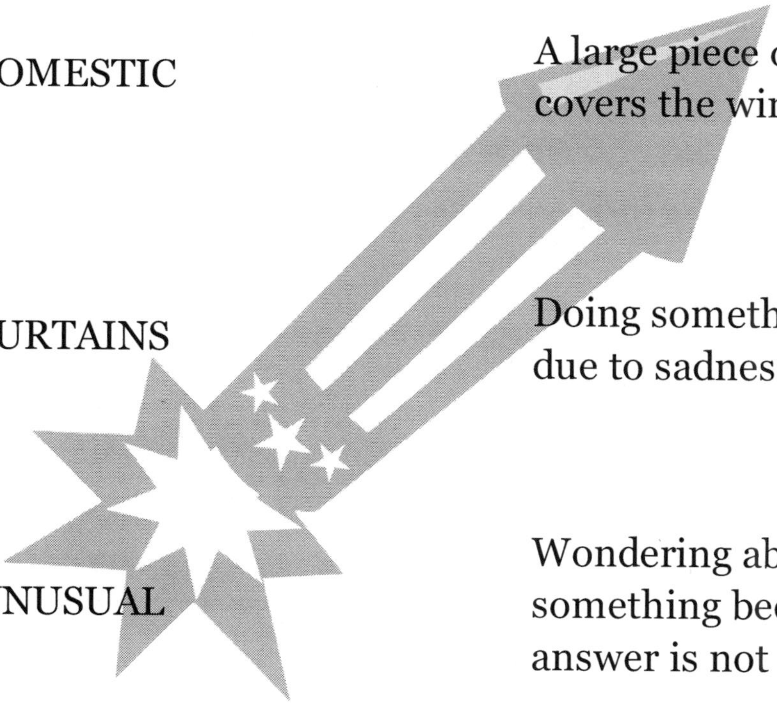

WORD CLOUD

The word cloud below shows all of the words from
Chapter 5 of *Danger in the White House* that start with S, E, A or N.

Practice writing in cursive by writing ten words from the word cloud.

____________________ ____________________

____________________ ____________________

____________________ ____________________

____________________ ____________________

____________________ ____________________

DANGER IN THE WHITE HOUSE

Chapter 5 words - Match with the definition.

REPRESENTATIVES	To not believe someone is capable of doing something as well as they really can
UNDERESTIMATE	Agreeing with something
CONVERSATION	Someone that speaks for you when you can't do it yourself
APPROVINGLY	Everything around you
ENVIRONMENT	Talking with someone

SEAN'S BIG WORDS SEARCH

F	W	S	H	S	I	N	O	O	T	R	A	C	A	B	V
F	N	B	Z	Y	F	X	S	L	W	O	O	E	D	T	I
A	Y	L	G	N	I	V	O	R	P	P	A	U	D	K	H
S	W	J	Q	I	N	L	Z	G	W	J	C	J	S	F	Y
S	S	I	I	G	N	I	T	C	E	L	L	O	C	A	M
O	W	Q	W	V	K	S	M	A	H	W	H	S	L	T	A
C	R	W	X	F	Z	H	T	L	Q	D	Y	W	T	J	I
I	N	O	I	T	A	S	R	E	V	N	O	C	T	G	N
A	S	E	V	I	T	A	T	N	E	S	E	R	P	E	R
T	J	F	T	N	E	M	E	T	I	C	X	E	G	M	O
E	E	T	A	M	I	T	S	E	R	E	D	N	U	M	F
D	W	P	S	T	O	R	Y	T	E	L	L	E	R	P	I
C	G	A	T	O	J	H	A	C	Q	W	D	U	A	O	L
V	G	T	N	E	M	N	O	R	I	V	N	E	C	A	A
T	D	E	C	N	I	V	N	O	C	N	U	X	O	N	C

APPROVINGLY REPRESENTATIVES UNDERESTIMATE CONVERSATION

ASSOCIATED ENVIRONMENT UNCONVINCED STORYTELLER

CALIFORNIA CARTOONISH COLLECTING EXCITEMENT

DANGER IN THE WHITE HOUSE

Chapter 5 words - Match with the definition.

CARTOONISH	The 3rd largest us state; located on the west coast
STORYTELLER	When you are not ready to agree with something
UNCONVINCED	Someone that tells you a story
ASSOCIATED	Funny or foolish like a cartoon
CALIFORNIA	To be connected or joined to something or someone

ALAINA'S AMAZING MAZE

DANGER TWINS MATH

Solve each math problem.
Then circle the correct answer to the question.

41 + 96 - 12 =

537 - 509 =

How many fireplaces are in the White House?

1406 + 503 =

890 + 805 =

What year was the Oval Office built?

35 x 4 - 105 =

25 x 5 + 27 =

How many bathrooms are in the White House?

68 + 74 - 124 =

103 x 4 =

How many acres big is the White House?

DANGER IN THE WHITE HOUSE

Chapter 5 words - Match with the definition.

COMMOTION	To make happen
PARTICULAR	Frenzied or excited activity
AMAZEMENT	A very specific thing
IMPLEMENT	When something keeps going after a short pause
CONTINUED	The feeling when something is really awesome

Use the alphabet clues to solve Sean's Cryptogram

A	B	C	D	E	F	G	H	I	J	K	L	M
G	M	S	T	B	A	N	C	O	P	X	H	I

N	O	P	Q	R	S	T	U	V	W	X	Y	Z
V	Q	L	W	K	F	D	E	R	Z	Y	J	U

D	L	U	V	U

M	C

F	P	Q	F	X	C

D	M	B	U

S	I	V

J	I	J	H	I	V	G

SEAN'S BIG WORDS SEARCH

N	A	D	E	U	N	I	T	N	O	C	A	C	D	V	Q
R	S	T	G	N	V	D	W	J	D	W	E	A	H	B	N
Q	D	N	T	Q	W	P	B	E	X	E	R	C	I	S	E
O	N	E	S	F	R	O	R	C	E	C	Y	A	G	K	T
W	A	M	T	M	I	R	A	M	N	E	K	D	N	C	I
Y	S	E	S	A	D	T	L	F	N	Y	J	V	I	X	F
I	U	Z	R	J	M	R	U	C	A	C	X	U	L	A	V
M	O	A	O	O	S	A	C	O	S	O	E	V	L	C	G
P	H	M	S	R	U	I	I	N	E	M	N	I	O	R	T
L	T	A	S	I	O	T	T	G	N	M	O	R	R	O	A
E	D	P	I	T	V	S	R	R	A	O	Y	G	T	N	A
M	K	V	C	Y	R	U	A	E	T	T	R	I	S	Y	N
E	Z	Q	S	R	E	K	P	S	O	I	E	N	U	M	Z
N	G	O	O	D	N	E	S	S	R	O	V	I	A	G	F
T	L	U	J	C	D	C	T	P	S	N	E	A	Y	H	J

PARTICULAR
AMAZEMENT
COMMOTION
CONTINUED
IMPLEMENT
PORTRAITS
STROLLING
THOUSANDS
CONGRESS
EVERYONE
GOODNESS
EXERCISE
MAJORITY
SCISSORS
SENATORS
VIRGINIA
ACRONYM
NERVOUS

DANGER IN THE WHITE HOUSE

Chapter 5 words - Match with the definition.

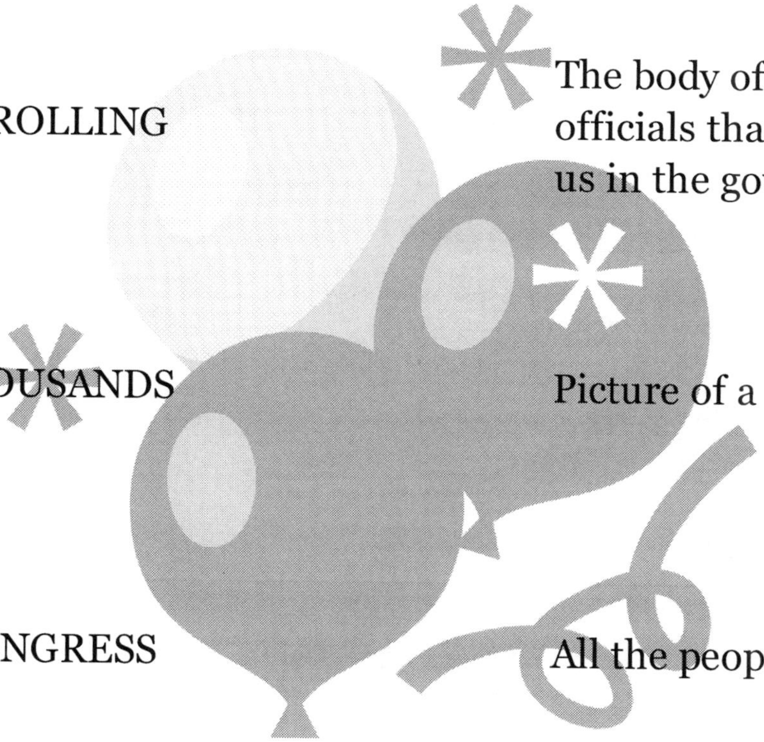

PORTRAITS	Ten groups of a hundred is a thousand
STROLLING	The body of elected officials that represent us in the government
THOUSANDS	Picture of a person
CONGRESS	All the people
EVERYONE	Walking along slowly

ALAINA'S AMAZING MAZE

DANGER IN THE WHITE HOUSE

Chapter 5 words - Match with the definition.

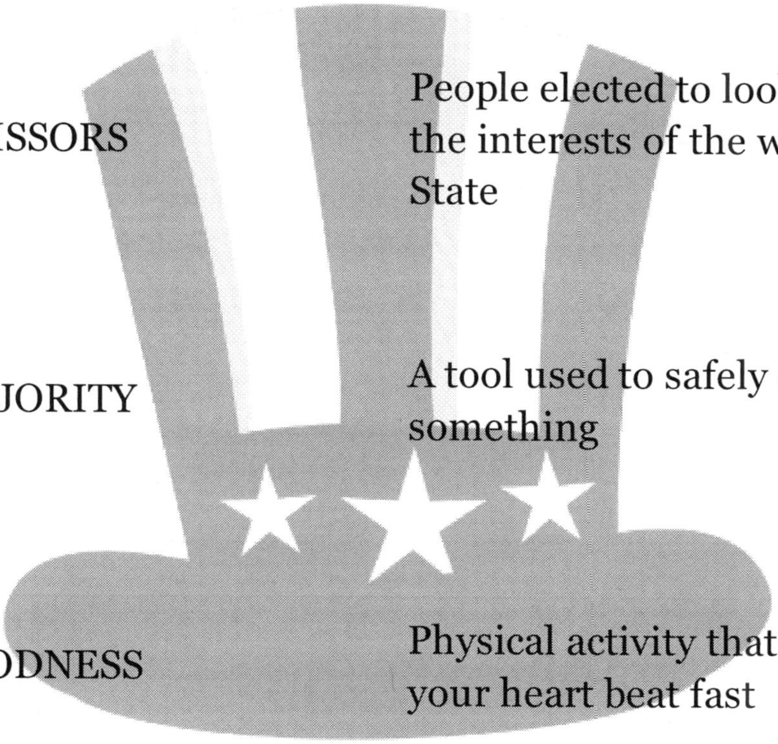

EXERCISE	Because you mean well and want to do the right thing
SCISSORS	People elected to look out for the interests of the whole State
MAJORITY	A tool used to safely cut something
GOODNESS	Physical activity that makes your heart beat fast
SENATORS	More than half of something

WORD CLOUD

The word cloud below shows all of the words from Chapter 6 of *Danger in the White House* that have two or more syllables.

Practice writing in cursive by writing ten words from the word cloud.

DANGER IN THE WHITE HOUSE

Chapter 6 words - Match with the definition.

INVESTIGATING	A group of people that do the job of making things happen
ADMINISTRATION	No way to mistake something for something else
UNMISTAKABLE	breaking into and stopping an action or conversation
NOTIFICATION	checking on and asking questions about something
INTERRUPTING	To alert or make aware

SEAN'S BIG WORDS SEARCH

D	T	N	E	L	U	D	U	A	R	F	A	R	G	Q	R
M	D	E	M	M	A	R	G	O	R	P	S	G	M	Z	Q
E	H	I	B	C	D	E	T	A	R	T	L	I	F	N	I
N	I	N	V	E	S	T	I	G	A	T	I	N	G	N	D
F	Z	L	R	X	S	K	N	P	E	W	B	B	Z	P	P
O	T	I	E	F	R	E	T	N	U	O	C	R	R	I	F
R	M	P	K	I	Y	T	Z	K	J	V	R	R	J	V	P
C	N	O	I	T	A	R	T	S	I	N	I	M	D	A	C
E	J	I	W	I	N	T	E	R	R	U	P	T	I	N	G
M	E	O	X	N	Q	N	O	I	T	C	E	T	O	R	P
E	H	U	Z	Q	Z	I	P	E	H	T	K	Y	F	H	X
N	Y	I	M	P	R	E	S	S	I	V	E	V	M	A	J
T	Y	P	M	A	D	D	K	Y	M	T	C	K	Z	S	L
U	E	L	B	A	K	A	T	S	I	M	N	U	P	E	W
O	N	O	I	T	A	C	I	F	I	T	O	N	R	T	Q

UNMISTAKABLE ADMINISTRATION INVESTIGATING NOTIFICATION

INFILTRATED INTERRUPTING ENFORCEMENT COUNTERFEIT

PROTECTION PROGRAMMED IMPRESSIVE FRAUDULENT

DANGER IN THE WHITE HOUSE

Chapter 6 words - Match with the definition.

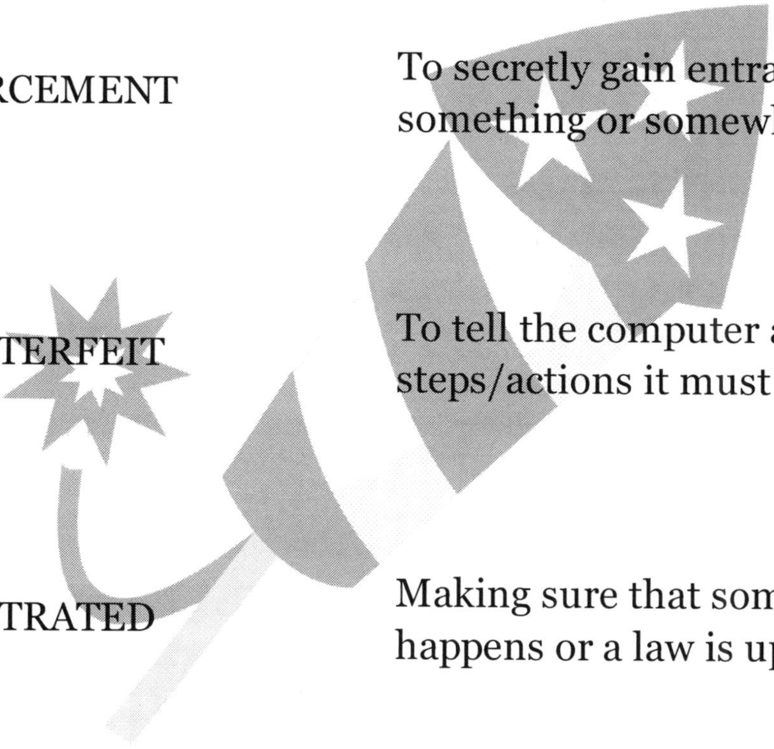

PROTECTION	A fake or something that is not a real true example
ENFORCEMENT	To secretly gain entrance to something or somewhere
COUNTERFEIT	To tell the computer all the steps/actions it must do
INFILTRATED	Making sure that something happens or a law is upheld
PROGRAMMED	Something used to keep you safe

ALAINA'S AMAZING MAZE

DANGER TWINS TRIVIA

Can you draw a line from the President to what he added to the White House?

President Richard Nixon

President Donald Trump

President Ulysses Grant

President Gerald Ford

President Franklin D. Roosevelt

Bowling Alley

Secret tunnel

Emergency Ops Center

Tennis Pavilion

Conservatory

DANGER IN THE WHITE HOUSE

Chapter 6 words - Match with the definition.

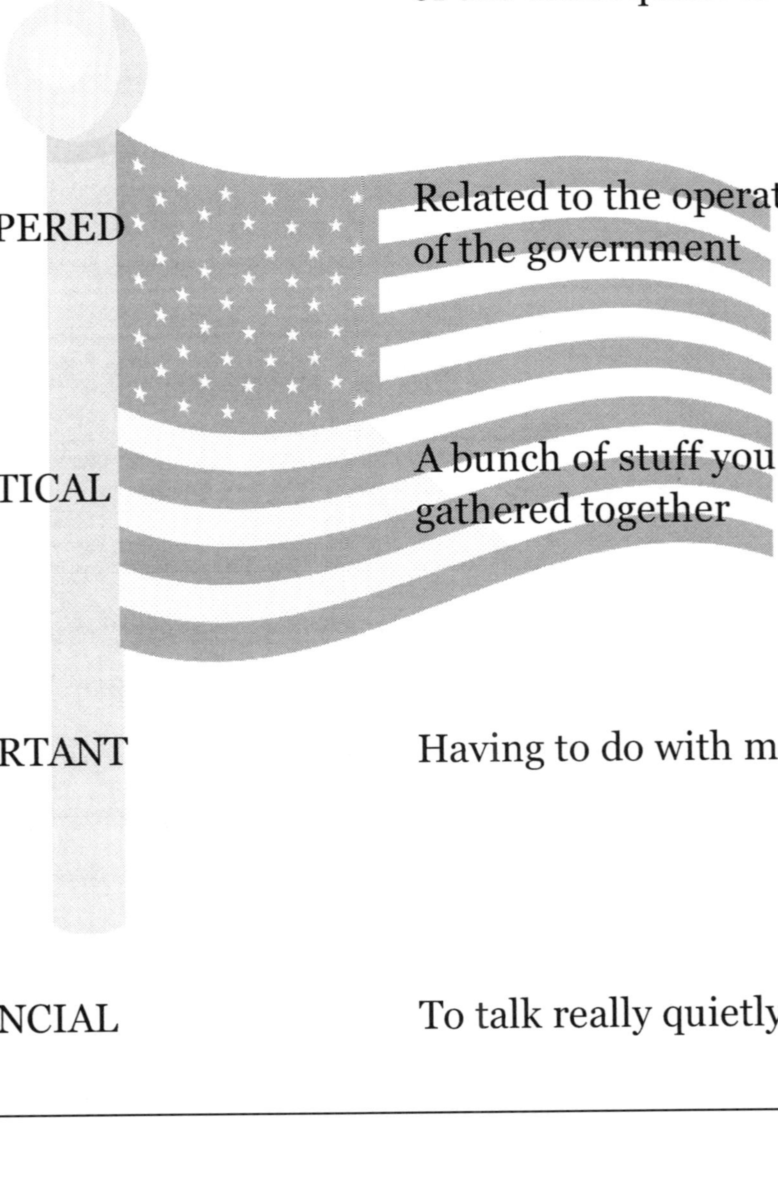

COLLECTION	Of great significance because of the consequences
WHISPERED	Related to the operation of the government
POLITICAL	A bunch of stuff you have gathered together
IMPORTANT	Having to do with money
FINANCIAL	To talk really quietly

Can you make 20 words or more from the following two words?

SEAN DANGER

SEAN'S BIG WORDS SEARCH

K	Z	H	C	L	E	V	E	L	A	N	D	X	C	I	A
U	X	R	S	L	Q	N	T	S	U	O	I	R	E	S	U
N	M	Q	W	R	A	H	O	N	Q	T	N	U	P	G	S
O	B	D	Q	G	O	C	S	I	E	J	X	D	T	U	T
W	I	T	H	O	U	T	I	U	T	M	K	Z	B	V	R
W	A	R	N	I	N	G	I	T	D	C	P	P	Z	A	A
H	E	S	I	T	A	T	E	S	I	D	E	I	H	Q	L
D	T	N	A	T	R	O	P	M	I	L	E	L	U	Y	I
W	H	I	S	P	E	R	E	D	K	V	O	N	L	Q	A
J	T	J	K	C	U	R	R	E	N	C	Y	P	L	O	E
H	V	V	F	I	N	A	N	C	I	A	L	N	E	Y	C
P	D	P	S	T	O	I	R	T	A	P	Q	H	N	U	T
R	W	A	Y	G	N	I	H	S	A	D	S	X	N	S	T
U	S	F	A	M	I	L	I	E	S	S	O	X	A	U	M
Q	K	J	R	I	W	A	F	E	I	P	N	M	L	X	J

POLITICAL
COLLECTION
WHISPERED
IMPORTANT

FINANCIAL
EQUIPMENT
CLEVELAND
VISITORS

AUSTRALIA
SUDDENLY
PATRIOTS
HESITATE

FAMILIES
CURRENCY
WITHOUT
WARNING

SERIOUS
DASHING

DANGER IN THE WHITE HOUSE

Chapter 6 words - Match with the definition.

CLEVELAND	Both a country and a continent that is part of the United Kingdom
VISITORS	Happened really quickly
EQUIPMENT	Someone that comes to see you that normally isn't around
SUDDENLY	A city in the state of Ohio
AUSTRALIA	The tools needed to do a job

ALAINA'S AMAZING MAZE

DANGER IN THE WHITE HOUSE

Chapter 6 words - Match with the definition.

PATRIOTS	A group of people that are related to each other
HESITATE	A form of money
FAMILIES	Someone that defends their country
CURRENCY	You do not have it
WITHOUT	To pause and not do something right away

WORD CLOUD

The word cloud below shows all of the 6-letter words from Chapter 7 of *Danger in the White House* .

Practice writing in cursive by writing ten words from the word cloud.

DANGER IN THE WHITE HOUSE

Chapter 7 words - Match with the definition.

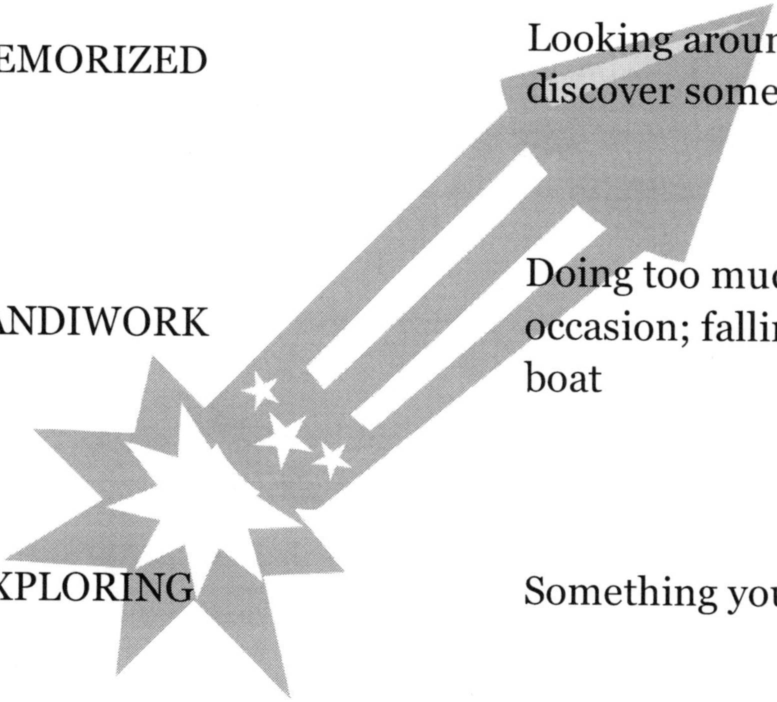

OVERBOARD	Done well
MEMORIZED	Looking around to discover something new
HANDIWORK	Doing too much for the occasion; falling off the boat
EXPLORING	Something you do
EFFECTIVE	To remember something exactly as it is

COLOR THE LOGO

Color the Danger Twins logo in your favorites patriotic colors
for Alaina and Sean's trip to the White House.

SEAN'S BIG WORDS SEARCH

Q	E	F	T	N	E	M	N	G	I	S	S	A	V	F	C
O	S	G	L	O	X	F	D	U	M	E	C	G	Y	T	R
N	H	N	A	P	P	O	I	N	T	M	E	N	T	Q	I
O	S	I	J	L	C	G	T	B	Y	D	R	I	I	K	M
I	H	T	R	M	L	G	Q	E	S	B	A	R	R	K	M
T	O	A	X	V	R	J	R	L	G	E	Y	E	A	X	E
S	U	R	R	O	U	N	D	I	N	G	J	D	L	C	D
E	L	O	Y	E	M	T	Q	E	S	D	K	I	U	L	I
G	D	C	E	V	W	Y	S	V	X	E	W	S	P	O	A
G	E	E	A	S	M	L	R	A	R	R	W	N	O	U	T
U	R	D	U	K	L	R	Y	B	B	L	O	O	P	J	E
S	S	E	D	E	H	S	I	L	P	M	O	C	C	A	L
G	P	R	Z	J	G	Z	W	E	F	D	W	N	P	F	Y
X	T	Y	T	I	L	I	B	A	I	N	E	D	I	N	B
R	Z	Y	J	C	D	X	F	N	I	Q	J	M	E	P	Z

UNBELIEVABLE
REDECORATING
ACCOMPLISHED
DENIABILITY
SUGGESTION
SURROUNDING
IMMEDIATELY
POPULARITY
ASSIGNMENT
CONSIDERING
APPOINTMENT
SHOULDERS

DANGER IN THE WHITE HOUSE

Chapter 7 words - Match with the definition.

DELIVERED	Using your finger to gesture to something
CAFETERIA	A whole bunch of something
POINTING	The person that makes a piece of equipment work
OPERATOR	Taken to the place it was supposed to be
NUMEROUS	A place to buy and eat food

ALAINA'S AMAZING MAZE

DANGER TWINS TRIVIA

Can you draw a line from the President to what he was the first president to do?

President John Adams	Fly on Air Force One
President John Kennedy	Live at the White House
President Benjamin Harrison	Be the father of twins
President James Garfield	Have his voice recorded
President George W. Bush	Be left-handed

DANGER IN THE WHITE HOUSE

Chapter 7 words - Match with the definition.

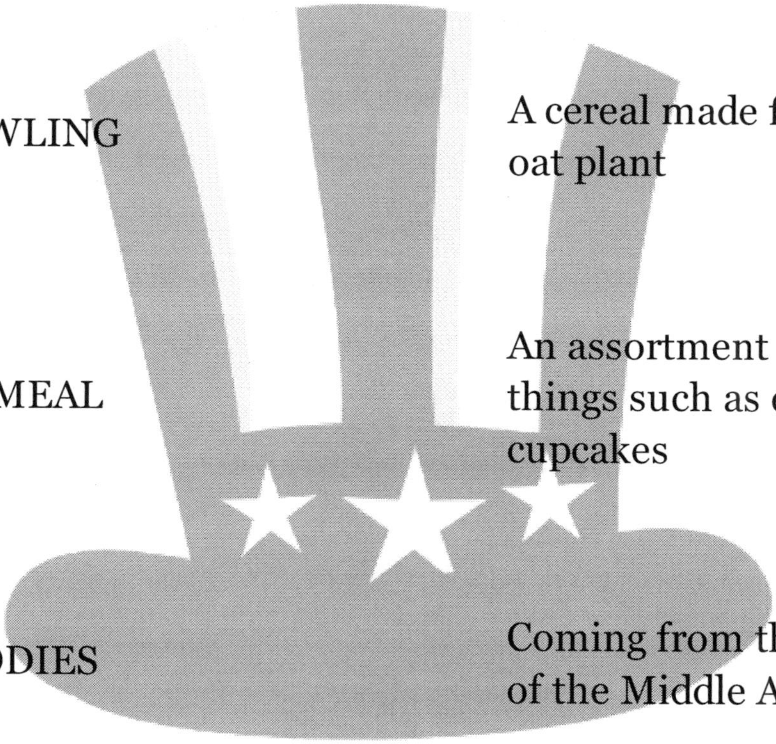

MEDIEVAL	Smiling
GROWLING	A cereal made from the oat plant
OATMEAL	An assortment of nice things such as candy or cupcakes
GOODIES	Coming from the time of the Middle Ages
GRINNING	The sound an angry animal makes

THE DANGER TWINS LOVE TO TRAVEL

Can you draw a line from each state capitol to the correct number that represents the distance to the White House?

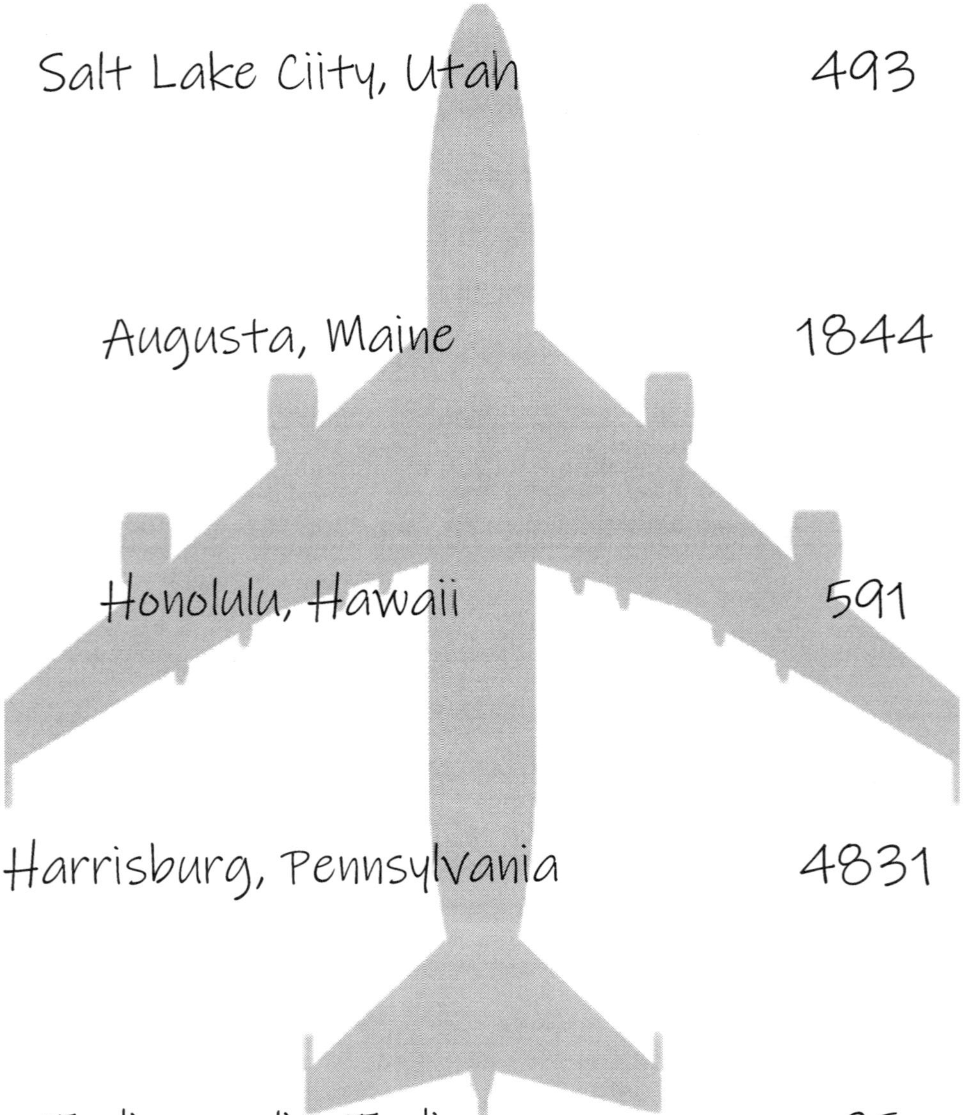

Salt Lake Ciity, Utah	493
Augusta, Maine	1844
Honolulu, Hawaii	591
Harrisburg, Pennsylvania	4831
Indianapolis, Indiana	95

SEAN'S BIG WORDS SEARCH

E	N	K	T	D	E	Z	I	R	O	M	E	M	S	A	B
R	U	G	O	O	V	E	R	B	O	A	R	D	K	W	T
B	M	R	A	X	P	P	H	A	N	D	I	W	O	R	K
G	E	O	T	P	E	J	D	E	R	E	V	I	L	E	D
N	R	W	M	F	C	V	G	N	I	T	N	I	O	P	U
I	O	L	E	K	A	F	I	P	C	A	B	T	X	O	T
R	U	I	A	O	F	O	B	T	T	W	N	T	P	J	I
O	S	N	L	A	E	A	J	Y	C	Q	F	E	E	M	Y
L	Z	G	N	I	T	A	L	W	D	E	R	D	P	F	T
P	N	L	A	V	E	I	D	E	M	A	F	R	R	X	I
X	Y	L	H	R	R	I	X	Q	T	W	E	F	Y	C	L
E	G	A	R	C	I	I	E	O	R	S	J	D	E	M	I
N	I	E	N	N	A	J	R	D	S	N	I	N	J	A	G
A	S	E	I	D	O	O	G	E	F	M	Q	F	Y	E	A
R	K	K	W	N	P	N	D	G	N	I	N	N	I	R	G

IMPRESSED
OVERBOARD
MEMORIZED
HANDIWORK

EXPLORING
DELIVERED
CAFETERIA
EFFECTIVE

POINTING
NUMEROUS
GROWLING
OPERATOR

MEDIEVAL
GRINNING
OATMEAL
GOODIES

AGILITY
NINJA

DANGER IN THE WHITE HOUSE

Chapter 7 words - Match with the definition.

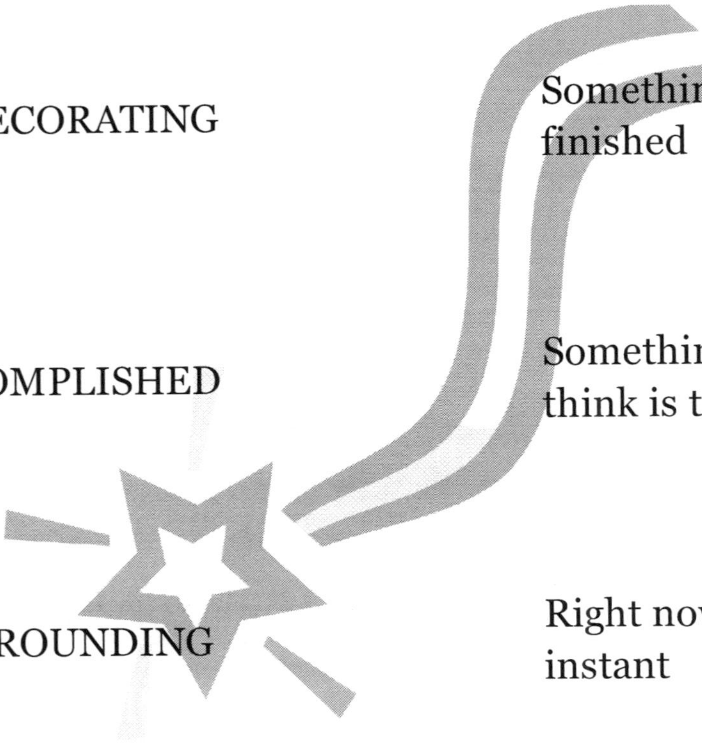

UNBELIEVABLE	All around you
REDECORATING	Something you did or finished
ACCOMPLISHED	Something you do not think is true
SURROUNDING	Right now, this very instant
IMMEDIATELY	Replacing things in a room with new things that look different

ALAINA'S AMAZING MAZE

DANGER IN THE WHITE HOUSE

Chapter 7 words - Match with the definition.

DENIABILITY	A reserved period of time when you will do something
CONSIDERING	Giving someone a good idea for something to try or do
APPOINTMENT	When a bunch of people like what you are doing and agree with it
SUGGESTION	When you think about something
POPULARITY	The ability to say something did not happen

WORD CLOUD

The word cloud below shows all of the words from
Chapter 8 of *Danger in the White House* that start with A, L, I, or N.

Practice writing in cursive by writing ten words from the word cloud.

______________________ ______________________

______________________ ______________________

______________________ ______________________

______________________ ______________________

______________________ ______________________

DANGER IN THE WHITE HOUSE

Chapter 8 words - Match with the definition.

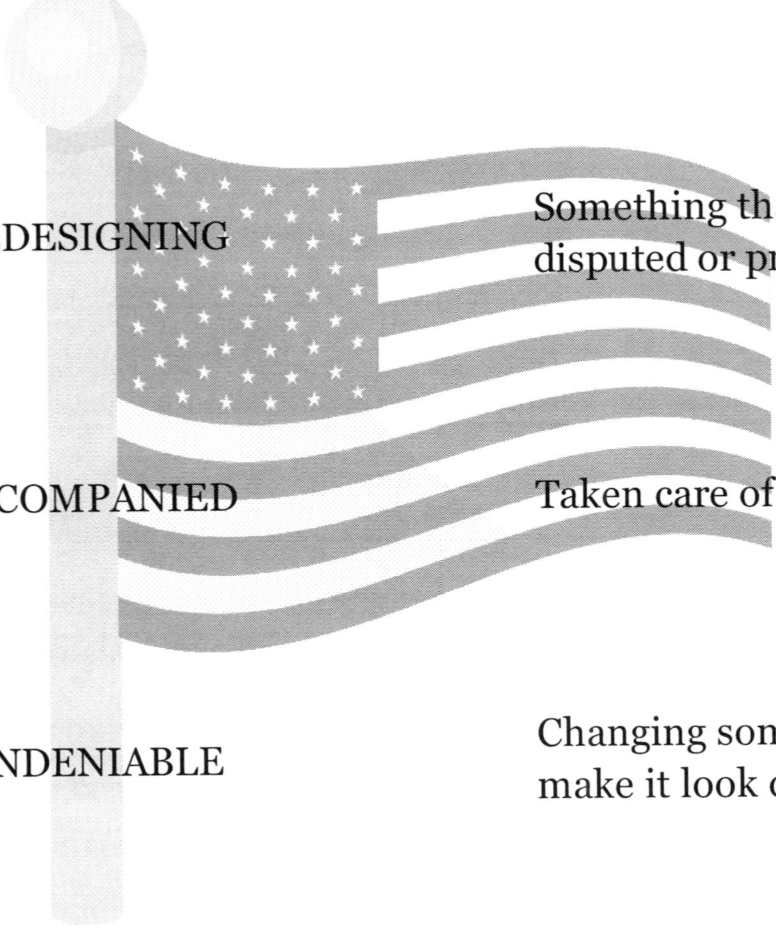

UNDERSTANDING	Going along with someone
REDESIGNING	Something that cannot be disputed or proven false
ACCOMPANIED	Taken care of and fixed up
UNDENIABLE	Changing something to make it look different
MAINTAINED	Knowing what something means when you hear, read, or see it

SEAN'S BIG WORDS SEARCH

N	N	S	C	V	E	D	A	N	E	M	O	R	P	C	C
E	J	V	D	S	B	E	G	L	H	U	I	T	J	D	H
T	D	F	C	S	Q	U	A	M	D	Y	O	Q	N	K	D
A	X	D	O	X	O	O	A	V	I	M	T	H	B	C	E
I	F	W	U	N	D	E	N	I	A	B	L	E	U	U	H
C	A	C	C	O	M	P	A	N	I	E	D	E	K	G	C
E	W	C	B	F	V	C	M	H	Y	Y	I	S	O	S	A
R	G	N	I	N	G	I	S	E	D	E	R	C	H	C	O
P	C	K	I	W	D	I	S	C	R	E	E	T	L	Y	R
P	Y	Y	G	W	M	O	J	O	A	Y	V	O	P	X	P
A	F	F	D	E	N	I	A	T	N	I	A	M	Z	K	P
G	G	N	I	D	N	A	T	S	R	E	D	N	U	T	A
Y	N	O	F	J	U	N	P	O	P	U	L	A	R	G	E
N	N	C	O	N	C	O	C	T	I	O	N	A	D	K	Z
I	D	E	H	S	I	N	O	T	S	A	Q	W	F	O	S

REDESIGNING	ACCOMPANIED	UNDERSTANDING	UNDENIABLE
CONCOCTION	MAINTAINED	DISCREETLY	ASTONISHED
APPRECIATE	APPROACHED	UNPOPULAR	PROMENADE

DANGER IN THE WHITE HOUSE

Chapter 8 words - Match with the definition.

ASTONISHED	Quietly and without being seen or talked about
CONCOCTION	Moved toward something
APPROACHED	Really thankful
DISCREETLY	Completely surprised by something
APPRECIATE	A mixture of several things

ALAINA'S AMAZING MAZE

Use the alphabet clues to solve Alaina's Cryptogram

A	B	C	D	E	F	G	H	I	J	K	L	M
D	E	T	B	U	A	N	C	W	K	Z	Y	J

N	O	P	Q	R	S	T	U	V	W	X	Y	Z
O	P	R	S	M	F	V	Q	L	G	X	H	I

Y	F	P	A

I	N	P	J

D	P	Z	G	W	Q

A	P	B	F	R	Q

C	N

V	Z	S	B

DANGER IN THE WHITE HOUSE

Chapter 8 words - Match with the definition.

FAIRYTALE	A group of reptiles that went extinct about 65 million years ago
EXAMINING	An area of land that has its own government and defends its borders
DINOSAURS	Doing something quietly due to sadness
COUNTRIES	A make-believe story
SOLEMNLY	To look at something with great interest

Can you make 20 words or more
from the following two words?

PRESIDENT DANGER

SEAN'S BIG WORDS SEARCH

K	X	J	A	B	E	W	O	P	T	V	V	X	A	K	M
Q	O	R	P	D	E	Z	I	L	A	E	R	G	I	J	D
P	U	N	R	L	A	S	S	O	L	O	C	A	N	N	E
Q	J	F	D	I	N	O	S	A	U	R	S	P	M	M	K
D	I	E	M	Q	H	X	B	D	Z	N	X	F	T	O	L
E	Y	L	N	M	E	L	O	S	R	Q	L	F	V	T	A
T	T	N	A	T	I	S	E	H	K	F	A	V	G	I	W
C	S	E	I	R	T	N	U	O	C	I	F	N	B	O	I
E	W	X	B	U	G	R	V	M	R	O	I	M	R	N	N
P	Q	B	D	D	G	E	A	Y	R	N	E	R	O	E	C
X	P	A	I	Z	R	R	T	T	I	J	S	I	W	D	I
E	Q	P	W	T	B	A	R	M	N	M	Z	F	N	W	D
V	K	P	A	L	L	E	A	B	N	K	W	W	I	C	E
H	E	K	E	E	S	X	A	D	V	A	N	C	E	D	N
L	E	D	P	S	E	A	D	V	I	S	O	R	S	X	T

COUNTRIES
DINOSAURS
EXAMINING
FAIRYTALE
SOLEMNLY
OVERTAKE
MOTIONED
REALIZED
INCIDENT
HESITANT
FORTRESS
EXPECTED
COLOSSAL
BROWNIES
ADVISORS
MARBLED
ADVANCE
WALKED

DANGER IN THE WHITE HOUSE

Chapter 8 words - Match with the definition.

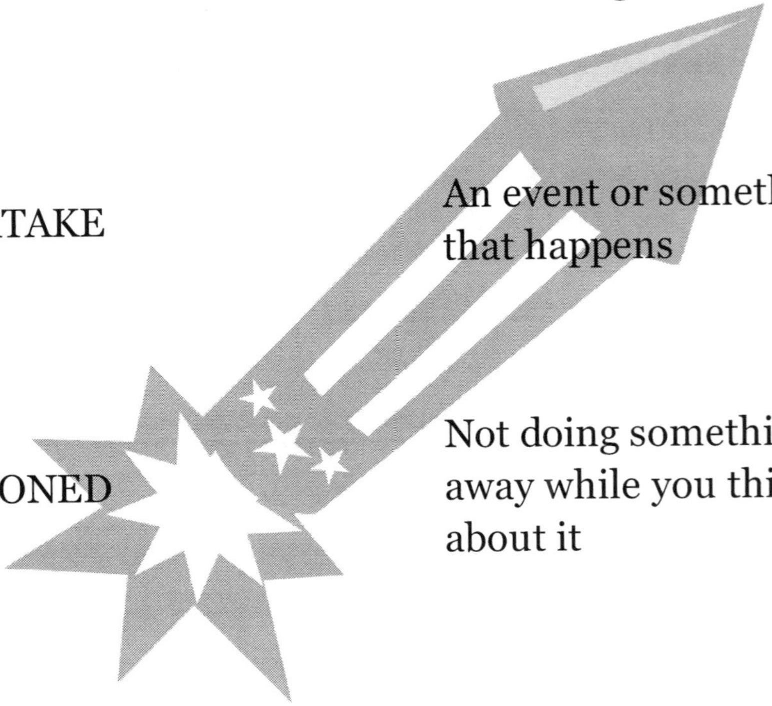

REALIZED	To catch up with something while moving
OVERTAKE	An event or something that happens
MOTIONED	Not doing something right away while you think about it
INCIDENT	To suddenly understand something
HESITANT	Using your hand or arm to give someone directions without talking

ALAINA'S AMAZING MAZE

DANGER IN THE WHITE HOUSE

Chapter 8 words - Match with the definition.

FORTRESS	Someone that gives you good advice or information about what to do
EXPECTED	Really big and impressive
COLOSSAL	A delicious thick cake made with chocolate
BROWNIES	A really strong building that people use to defend themselves
ADVISORS	Something you think is going to happen

WORD CLOUD

The word cloud below shows all of the words from
Chapter 9 of *Danger in the White House* that have three or more syllables

Practice writing in cursive by writing ten words from the word cloud.

DANGER IN THE WHITE HOUSE

Chapter 9 words - Match with the definition.

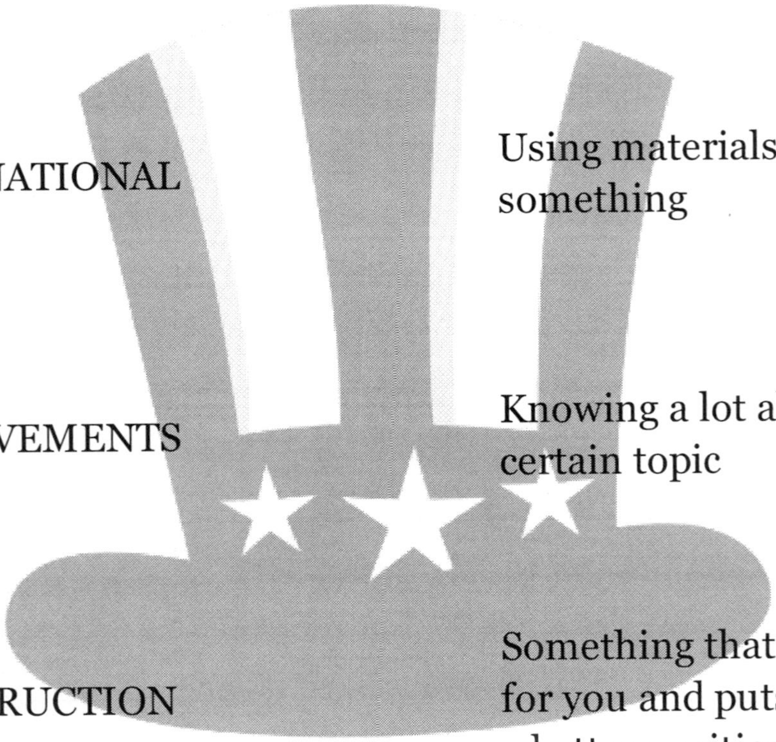

KNOWLEDGEABLE	Making something better
INTERNATIONAL	Using materials to build something
IMPROVEMENTS	Knowing a lot about a certain topic
CONSTRUCTION	Something that is good for you and puts you in a better position
ADVANTAGEOUS	Involving a different country than the one you live in

SEAN'S BIG WORDS SEARCH

F	N	J	C	O	B	G	N	I	D	N	A	M	M	O	C
E	X	K	W	H	K	N	T	U	B	N	N	H	Y	F	K
J	Q	U	A	D	V	A	N	T	A	G	E	O	U	S	R
E	L	A	N	O	I	T	A	N	R	E	T	N	I	R	T
V	T	R	A	M	P	O	L	I	N	E	S	V	O	J	E
I	E	L	B	A	E	G	D	E	L	W	O	N	K	L	R
T	H	N	T	E	G	Y	Q	R	O	H	S	G	R	K	R
C	C	I	T	A	M	O	L	P	I	D	T	A	C	D	I
E	C	K	G	M	B	Q	S	B	C	F	L	C	A	N	T
P	D	W	A	C	R	J	R	Y	D	K	I	P	G	M	O
S	I	C	C	O	N	S	T	R	U	C	T	I	O	N	R
E	S	N	O	I	T	A	R	E	P	O	Z	S	J	O	I
R	M	U	I	M	P	R	O	V	E	M	E	N	T	S	A
K	S	U	O	L	A	E	Z	R	E	V	O	I	X	S	L
E	R	E	H	S	A	W	E	N	N	A	H	Y	L	U	H

INTERNATIONAL KNOWLEDGEABLE IMPROVEMENTS TERRITORIAL

TRAMPOLINES CONSTRUCTION ADVANTAGEOUS RESPECTIVE

OPERATIONS COMMANDING OVERZEALOUS DIPLOMATIC

OUTFIT ALAINA

Color Alaina in your favorite patriotic colors
for her trip to the White House.

DANGER IN THE WHITE HOUSE

Chapter 9 words - Match with the definition.

TRAMPOLINES	Referring to a specific thing
OVERZEALOUS	Actions that show you are really devoted to something
RESPECTIVE	Stretchy material attached to a bunch of springs that you can bounce on
OPERATIONS	A set of actions that is used to complete a task
TERRITORIAL	An area that falls in the boundaries of a country

ALAINA'S AMAZING MAZE

DANGER TWINS TRIVIA

Can you draw a line from the President to what he added to the White House?

President Franklin D. Roosevelt

President Barak Obama

President Theodore "Teddy" Roosevelt

President William "Bill" Clinton

President Franklin D. Roosevelt

The West Wing

Movie Theater

Basketball Court

Indoor Pool

Music Room

DANGER IN THE WHITE HOUSE

Chapter 9 words - Match with the definition.

AGGRESSIVE	To suggest something that you think is a good idea
SATELLITE	Giving someone a really good idea for what to do or how to do it
RECOMMEND	Done absolutely correct with no flaws or errors
PERFECTLY	Doing something very boldly so that no one can stop you
ADVISEMENT	Man-made or natural object that orbits around another larger object

DANGER CROSSWORD PUZZLE

Use the numbered clues to fill-in the boxes.

Across

4 Boy Danger Twin

5 Her Favorite prehistoric animal

6 Girl Danger Twin is elected as this

7 First name of the Special Agent

9 He brought in this as a display

10 Girl Danger Twin

Down

1 Color of the famous house

2 A place to swim

3 A bird that can fly backwards

4 Name of the executive assistant

6 His favorite buttery snack

8 Shape of the famous office

SEAN'S BIG WORDS SEARCH

V	B	P	G	R	E	T	S	I	N	I	M	J	U	J	R
G	F	D	K	Q	T	H	J	F	Y	O	H	U	F	U	R
N	H	N	C	E	Y	R	A	T	I	L	I	M	R	J	T
I	D	E	K	V	X	D	N	E	M	M	O	C	E	R	P
Y	E	G	P	I	A	U	A	C	O	W	G	T	C	T	E
O	T	N	J	S	S	V	D	L	R	E	N	M	Q	N	R
L	R	E	E	S	T	N	E	M	E	S	I	V	D	A	F
P	E	L	T	E	R	C	S	I	Y	T	R	Z	L	T	E
E	V	L	I	R	O	H	S	S	R	A	R	L	I	A	C
D	N	A	L	G	N	A	E	L	E	B	U	O	L	B	T
J	O	H	L	G	A	I	R	A	G	L	C	R	A	M	L
L	C	C	E	A	U	R	D	N	A	I	C	F	S	O	Y
J	X	U	T	J	T	M	D	D	M	S	O	O	J	C	F
A	Y	I	A	H	O	A	A	S	I	H	C	A	V	Z	X
F	V	O	S	A	J	N	X	D	A	E	N	N	A	C	L

SATELLITE AGGRESSIVE ADVISEMENT PERFECTLY

OCCURRING RECOMMEND DEPLOYING ESTABLISH

CONVERTED COMBATANT CHALLENGE ASTRONAUT

MINISTER MILITARY CHAIRMAN ADDRESSED

IMAGERY ISLANDS

DANGER IN THE WHITE HOUSE

Chapter 9 words - Match with the definition.

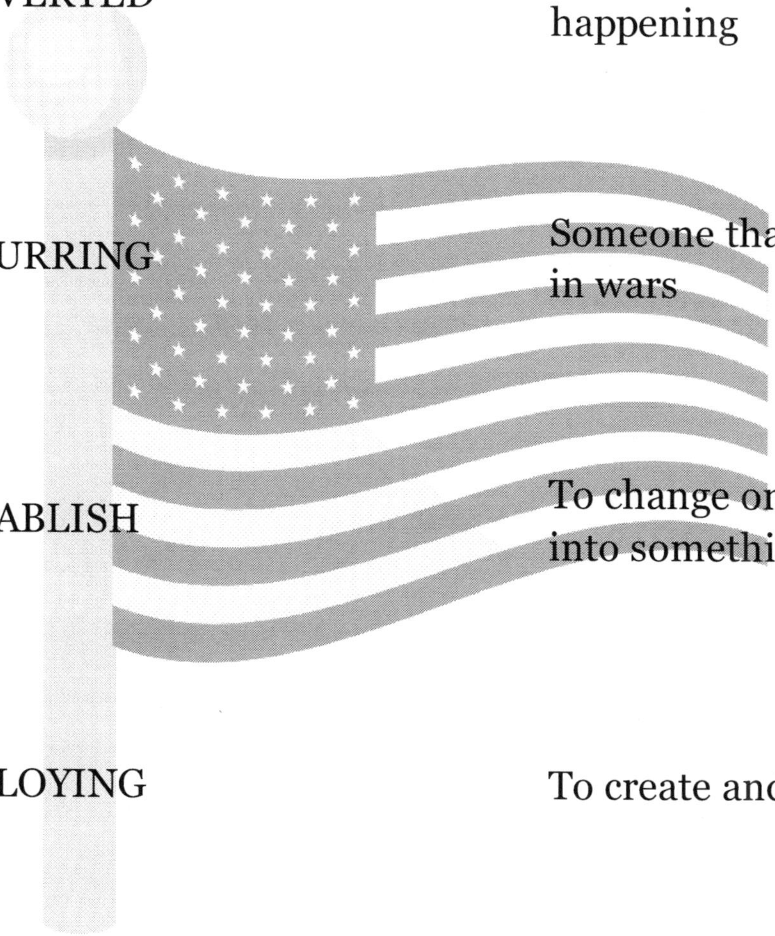

CONVERTED	Something that is happening
OCCURRING	Someone that fights in wars
ESTABLISH	To change one thing into something else
DEPLOYING	To create and set forth
COMBATANT	To send out and place something

ALAINA'S AMAZING MAZE

DANGER IN THE WHITE HOUSE

Chapter 9 words - Match with the definition.

ASTRONAUT	A group of people with weapons that defend a country
MINISTER	To answer
CHALLENGE	A person authorized to tell people about a religion
ADDRESSED	A person that goes into outer space
MILITARY	To dare someone to do something against you

WORD CLOUD

The word cloud below shows all of the words from Chapter 10 of *Danger in the White House* that start with D, A, N, G, E or R.

Practice writing in cursive by writing ten words from the word cloud.

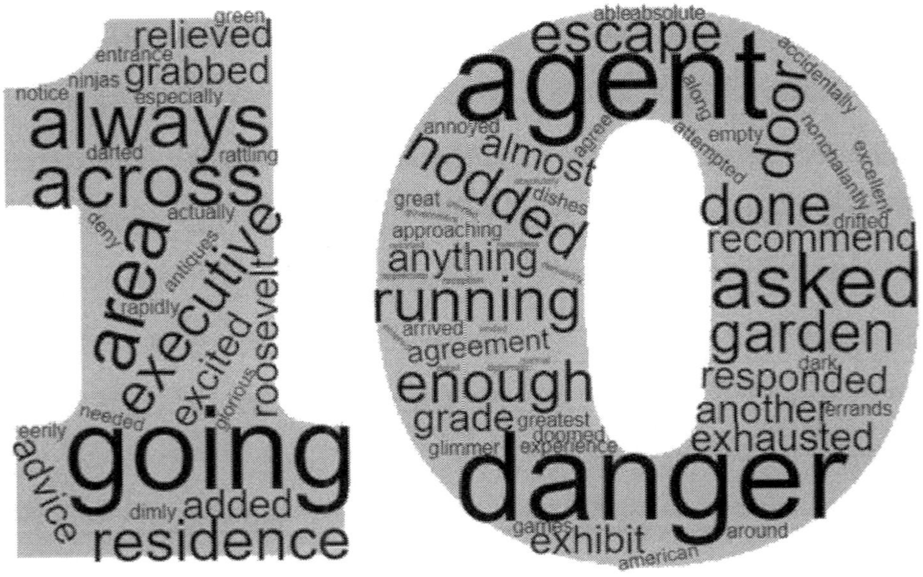

DANGER IN THE WHITE HOUSE

Chapter 10 words - Match with the definition.

ACCIDENTALLY	Super great or fantastic
IMAGINATION	Continuous, never stopping or ending
TREMENDOUS	Using your brain to create new ideas
RELENTLESS	Getting a lot done
PRODUCTIVE	Not done on purpose

SEAN'S BIG WORDS SEARCH

U	B	C	D	V	W	C	E	H	X	T	R	Y	U	M	N
O	E	C	N	E	I	R	E	P	X	E	Q	M	Y	B	S
G	W	E	M	H	X	M	C	H	X	U	R	I	E	Y	V
T	E	R	O	J	B	N	R	D	V	W	T	C	X	N	D
R	U	U	E	A	C	C	I	D	E	N	T	A	L	L	Y
E	S	T	N	I	R	P	E	U	L	B	J	D	X	G	T
L	S	A	P	B	D	A	W	P	M	X	D	Y	W	Y	O
E	P	N	T	I	M	A	G	I	N	A	T	I	O	N	C
N	Q	G	T	R	E	M	E	N	D	O	U	S	X	B	B
T	M	I	L	K	S	H	A	K	E	S	G	S	S	P	Y
L	A	S	C	H	A	T	T	E	R	I	N	G	T	I	Q
E	U	R	M	G	B	A	S	K	E	T	B	A	L	L	D
S	H	E	S	A	C	R	I	A	T	S	R	H	Q	H	L
S	N	M	P	P	E	V	I	T	C	U	D	O	R	P	T
B	S	K	O	O	B	S	E	V	O	L	E	N	N	A	N

RELENTLESS ACCIDENTALLY IMAGINATION MILKSHAKES

EXPERIENCE TREMENDOUS PRODUCTIVE CHATTERING

BLUEPRINTS BASKETBALL SIGNATURE STAIRCASE

DANGER IN THE WHITE HOUSE

Chapter 10 words - Match with the definition.

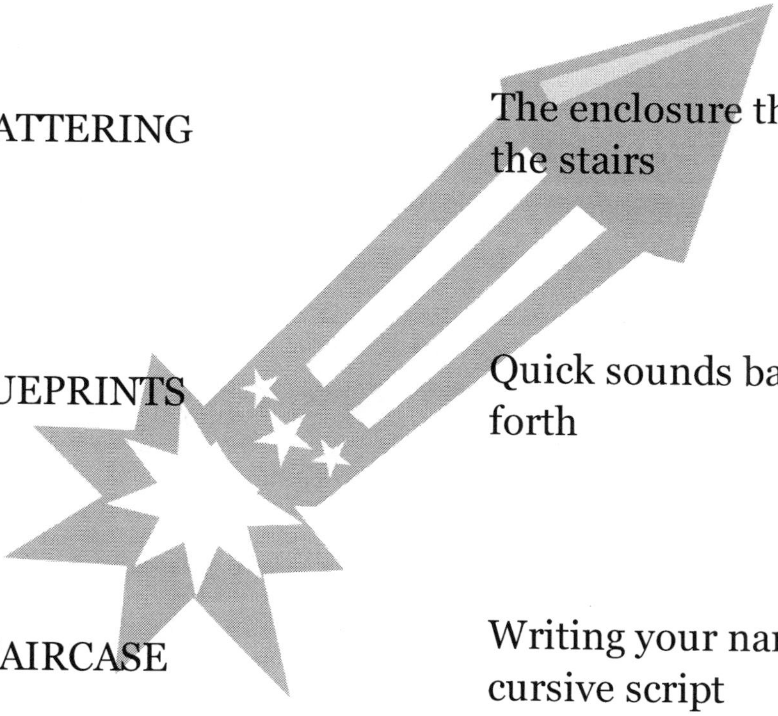

EXPERIENCE	A detailed drawing that shows exact measurements
CHATTERING	The enclosure that contains the stairs
BLUEPRINTS	Quick sounds back and forth
STAIRCASE	Writing your name in cursive script
SIGNATURE	History of doing something

ALAINA'S AMAZING MAZE

THE DANGER TWINS LOVE TO TRAVEL

Can you draw a line from each state capitol to the correct number that represents the distance to the White House?

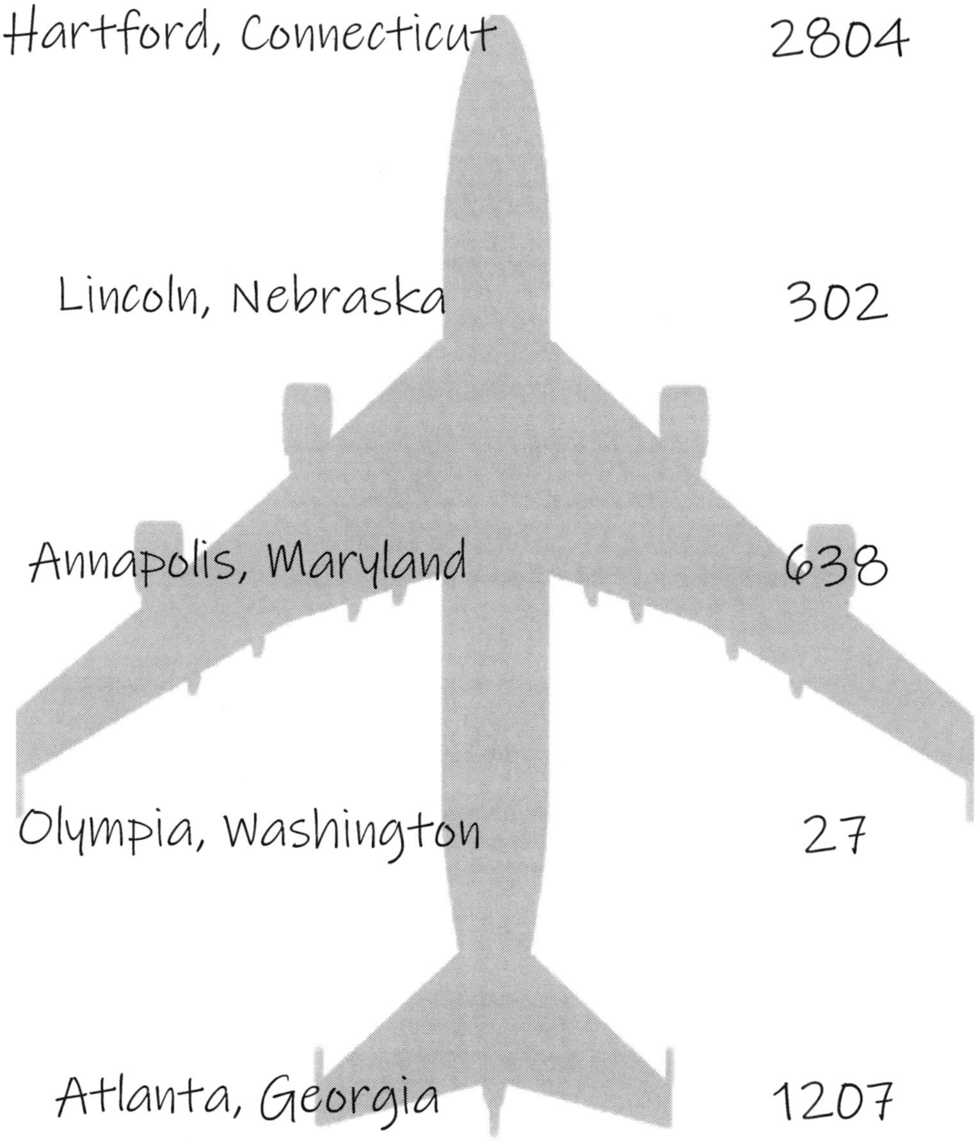

Hartford, Connecticut	2804
Lincoln, Nebraska	302
Annapolis, Maryland	638
Olympia, Washington	27
Atlanta, Georgia	1207

DANGER IN THE WHITE HOUSE

Chapter 10 words - Match with the definition.

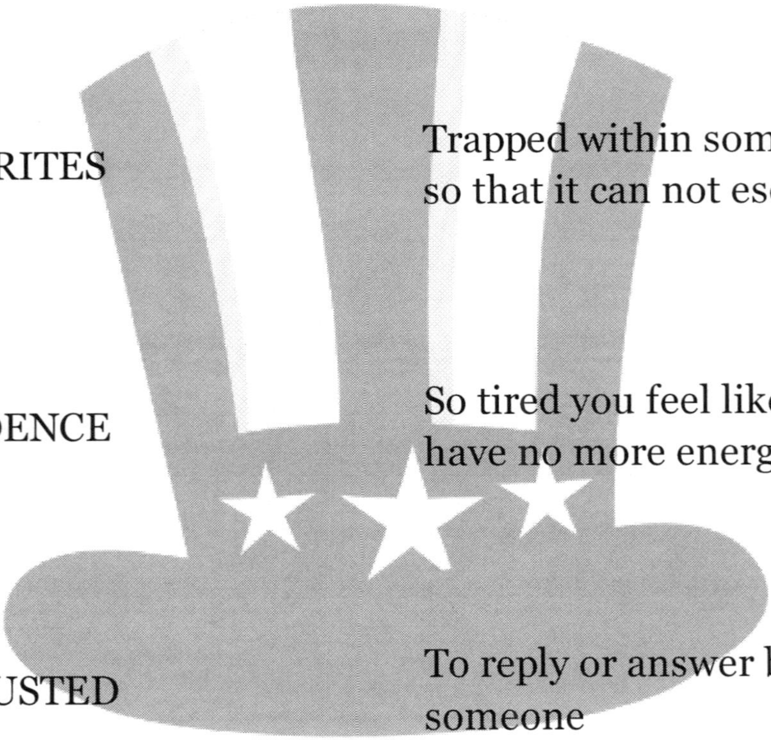

RESPONDED	Something you like best or better than everything else
FAVORITES	Trapped within something so that it can not escape
RESIDENCE	So tired you feel like you have no more energy
EXHAUSTED	To reply or answer back to someone
CONTAINED	The place that you or someone lives

Can you make 20 words or more
from the following three words?

VOTE FOR DANGER

SEAN'S BIG WORDS SEARCH

W	X	I	X	C	D	A	N	N	E	K	P	Y	N	F	P
D	D	M	I	S	S	I	O	N	S	K	Y	O	R	N	Z
E	E	G	N	I	D	N	U	O	S	H	A	O	A	O	X
T	T	I	K	H	F	S	E	T	I	R	O	V	A	F	C
S	P	G	R	E	A	T	E	S	T	S	L	H	O	O	R
U	M	U	J	S	W	I	M	M	E	R	D	T	N	E	G
A	E	D	R	W	K	P	G	V	K	S	N	T	S	H	A
H	T	R	E	S	I	D	E	N	C	E	A	P	T	S	N
X	T	E	M	B	H	L	O	E	M	I	O	R	U	T	T
E	A	Q	M	U	T	W	C	E	N	N	C	A	D	A	I
M	F	N	I	L	I	I	S	E	D	A	U	A	E	R	Q
F	P	I	L	N	O	A	D	E	M	E	C	F	N	T	U
P	E	L	G	V	B	F	D	G	J	E	S	X	T	L	E
S	F	L	N	W	K	Q	U	S	K	K	Q	T	S	E	S
Y	Y	C	M	U	F	C	K	E	Q	U	A	E	T	D	F

RESIDENCE
RESPONDED
KNOWINGLY
ROOSEVELT
FAVORITES
EXHAUSTED
CONTAINED
ATTEMPTED
STUDENTS
SOUNDING
BASEMENT
STARTLED
MISSIONS
ANTIQUES
SWIMMER
GREATEST
VOICE
GLIMMER

DANGER IN THE WHITE HOUSE

Chapter 10 words - Match with the definition.

STUDENTS	Surprised by something
ATTEMPTED	A job you do that has a specific desired ending goal
MISSIONS	The absolute best at something
GREATEST	Someone that is going to school to learn
STARTLED	To try to do something

ALAINA'S AMAZING MAZE

DANGER IN THE WHITE HOUSE

Chapter 10 words - Match with the definition.

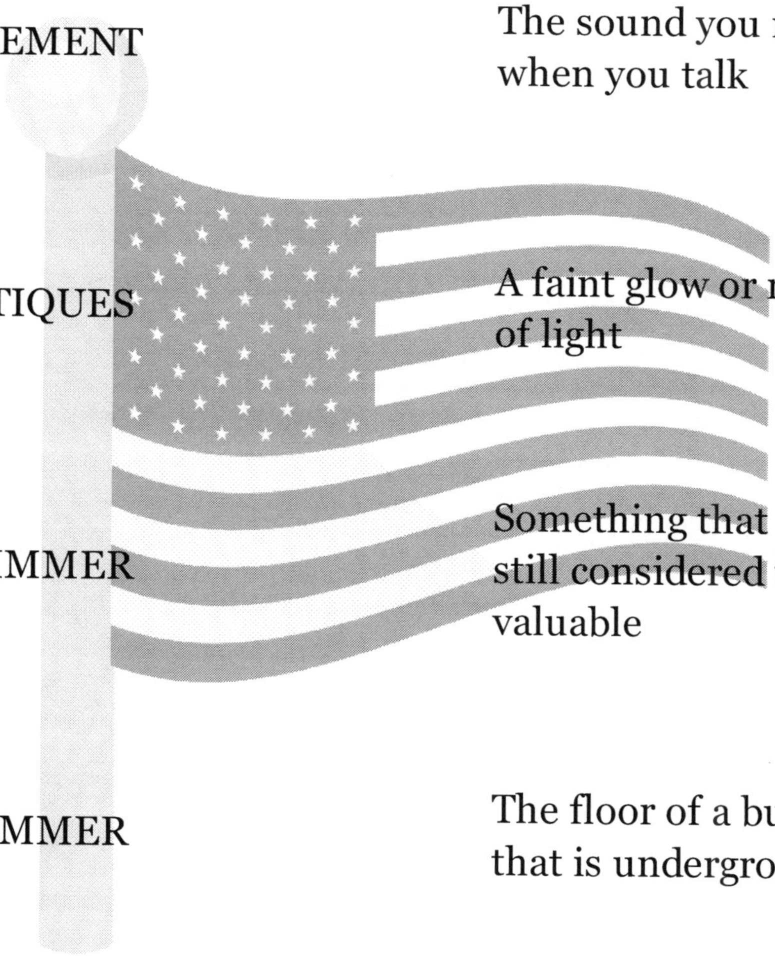

BASEMENT	The sound you make when you talk
ANTIQUES	A faint glow or reflection of light
SWIMMER	Something that is old but still considered to be valuable
GLIMMER	The floor of a building that is underground
VOICE	Moving along the surface of the water without sinking

SPELL THE MYSTERY WORD

Go to each page number listed below for a clue to solve the mystery word.

Instruction	Letter
Go to page 17	
Go to page 35	
Go to page 54	
Go to page 72	
Go to page 91	
Go to page 110	

ANSWER KEY

Danger in the White House chapter words and definitions.

Chapter One:

Page 2

SIGNIFICANT	Really important
EXCITEMENT	Done in a state of happiness
RESPONSIBILITY	Something you have to do
UNDERGROUND	Beneath the surface of the ground
PERSONALLY	Done in person; done by me

Page 4

DRAMATICALLY	Done with flair
CAMPAIGNING	Asking people to vote for you
COMPLETELY	All
PLEASANTRIES	Nice words during conversation
CONVICTION	A firm belief in something

Page 7

ATTENTION	Listening to what people say...
BALANCING	Staying on your feet...
CORRECTED	Fixed to make right
FORGOTTEN	Something you don't remember
LISTENING	Using your ears to hear things

Page 10

SEEMINGLY	Something that appears to be...
NORMALLY	Usual; something that doesn't...
SPECIALTY	Something you are very good at...
PERMANENT	Something that doesn't change
SERIOUSLY	Something that is very important

Page 12

TIGHTENED	Tying a not so it can't come loose
GLORIOUS	Enjoyable, excellent, fantastic
OBSTACLE	Something that gets in your way
QUICKLY	Very fast
BALLOTS	Piece of paper you can vote with

Chapter Two:

Page 14

COINCIDENCE	Two things happening at the same...
TRANSPORTATION	Something you ride that gets you...
COMPETITION	Trying to beat somethin
IDENTIFICATION	Something that shows your picture...
CONCURRENCE	Agreement

Page 16

CAUTIOUSLY	Doing something slowly with purpose..
SCRUTINIZED	Looked at very seriously
FLOURISHING	Doing really well
DEFINITELY	Absolutely no doubt that something...
CONCERNING	Regarding to or about; An idea that..

Page 19

GLISTENING	Reflect a sparkling light
HOMECOMING	The act of coming back home
NAVIGATION	How to travel from one place to...
THOUGHTFUL	Something you do that lets people...
AGREEMENT	When you and someone else decide...

Page 22

AWKWARDLY	Not done with style and grace
BEAUTIFUL	Looks really nice and makes you...
CREATURES	Scary looking animals
MOONLIGHT	Reflected sunlight coming off the moon
DANGLING	Hanging down

Page 24

DARKNESS	No light
MOVEMENT	Not staying in one place
PROWLING	Quietly looking around while trying...
FLOWERS	Plants with pretty colored leaves
SALUTED	A formal hand gesture recognizing...

Chapter Three:

Page 26

CONGRATULATIONS	Telling someone you are happy...
DISABILITIES	Something that makes it harder...
QUESTIONS	Asking for more information
UNFORTUNATELY	Sadly
ASSISTANT	Beneath the surface of the ground

Page 28

CONFIDENCE	Believing in yourself and your ability...
ESPECIALLY	In particular; something that is clearly...
RECOGNIZING	Looking familiar enough to identify
TECHNICALLY	Something that requires a lot of science...
APPROACHED	Going toward something

Page 31

GOVERNMENT	A small group of people elected to serve...
HELICOPTER	An aircraft with the blades on top so it...
DEDICATED	Meant for only one person or activity
WASHINGTON	The city where the government of the...
DAUNTING	An activity that causes you a little fear...

Chapter Four:

Page 39

CONSTITUTION	A written description of the laws...
INAUGURATION	The event that makes someone...
TRADITIONAL	Something that is done the same...
RESERVATION	A hesitancy to do something
DESTINATION	Beneath the surface of the ground

Page 41

OFFICIALLY	Done by someone in a position of...
SEAMSTRESS	Someone that makes or fixes clothes
RECOGNIZED	Looked familiar enough to identify
COMFORTABLE	Something that makes you feel good
OBLIGATION	Required to do something

Page 44

ALLEGIANCE	Promising to be loyal to something
PAINTINGS	Pictures made using colored liquid
EXCLAIMED	Saying something boldly and forcefully
DISCHARGE	To complete
ADDRESSING	Talking to a person or group of people

Page 34

ENTRANCE	The way to get in to something
DIRECTION	The path of travel; the way you are going
EXECUTIVE	Someone in charge of people and making...
IMPRESSED	To affect deeply in mind, feelings, or opinion
EXPLAINED	To tell all about something

Page 37

INSTALLED	Put in and made to work
MAGNITUDE	Of great importance
NOVEMBER	The 1lth month of the year
SITUATION	A serious event where something bad...
TREASURED	Valued a lot; very important to you

Chapter Five:

Page 51

REPRESENTATIVES	Someone that speaks for you when...
UNDERESTIMATE	To not believe someone is capable...
CONVERSATION	Talking with someone
APPROVINGLY	Agreeing with something
ENVIRONMENT	Everything around you

Page 53

CARTOONISH	Funny or foolish like a cartoon
STORYTELLER	Someone that tells you a story
UNCONVINCED	When you are not ready to agree...
ASSOCIATED	To be connected or joined to...
CALIFORNIA	The 3rd largest State in the USA...

Page 56

COMMOTION	Frenzied or excited activity
PARTICULAR	A very specific thing
AMAZEMENT	The feeling when something is...
IMPLEMENT	To make happen
CONTINUED	When something keeps going...

Page 59

PORTRAITS	Picture of a person
STROLLING	Walking along slowly
THOUSANDS	Ten groups of a hundred is a...
CONGRESS	The body of elected officials that...
EVERYONE	All the people

Page 61

EXERCISE	Physical activity that makes your...
SCISSORS	A tool used to safely cut something...
MAJORITY	More than half of something
GOODNESS	Because you mean well and want to do...
SENATORS	Representatives from a State that are...

Chapter Seven:

Page 75

OVERBOARD	Doing too much for the occasion...
MEMORIZED	To remember something exactly...
HANDIWORK	Something you do
EXPLORING	Looking around to discover something...
EFFECTIVE	Done well

Page 47

BUILDINGS	A place built by people to use for a...
DECISIONS	Act or process of deciding...
ASSESSING	Thinking about how to do something
WONDERED	Questioning something in your mind
BACKWARDS	The opposite of forewards, or doing...

Page 49

SOLEMNLY	Doing something quietly due to sadness
DOMESTIC	Something that comes from your...
CURTAINS	A large piece of decorated cloth that...
UNUSUAL	Something that is not what you...
PUZZLED	Wondering about something because...

Chapter Six:

Page 63

INVESTIGATING	Checking on and asking questions...
ADMINISTRATION	A group of people that do the job...
UNMISTAKABLE	No way to mistake something for...
NOTIFICATION	To alert or make aware
INTERRUPTING	breaking into and stopping an action...

Page 65

PROTECTION	Something used to keep you safe
ENFORCEMENT	Making sure that something happens...
COUNTERFEIT	A fake, something that is not a real...
INFILTRATED	to secretly gain entrance to something...
PROGRAMMED	To tell the computer all the steps...

Page 68

COLLECTION	A bunch of stuff you have gathered..
WHISPERED	To talk really quietly
POLITICAL	Related to the operation of the...
IMPORTANT	Of great significance because of...
FINANCIAL	Having to do with money

Page 71

CLEVELAND	A city in the state of Ohio
VISITORS	Someone that comes to see you...
EQUIPMENT	The tools needed to do a job
SUDDENLY	Happened really quickly
AUSTRALIA	Both a Country and a continent that...

Page 73

PATRIOTS	Someone that defends their Country
HESITATE	To pause and not do something right...
FAMILIES	A group of people that are related to...
CURRENCY	A form of money
WITHOUT	You don't have it

Chapter Eight:

Page 88

UNDERSTANDING	Knowing what something means when...
REDESIGNING	Changing something to make it look...
ACCOMPANIED	Going along with someone
UNDENIABLE	Something that cannot be disputed..
MAINTAINED	Taken care of and fixed up

Page 78

DELIVERED	Taken to the place it was supposed to be
CAFETERIA	A place to buy and eat food
POINTING	Using your finger to gesture to...
OPERATOR	The person that makes a piece of...
NUMEROUS	A whole bunch of something

Page 81

MEDIEVAL	Coming from the time of the...
GROWLING	The sound an angry animal makes
OATMEAL	A cereal made from the oat plant
GOODIES	An assortment of nice things such...
GRINNING	Smiling

Page 84

UNBELIEVABLE	Something you don't think is true
REDECORATING	Replacing things in a room with...
ACCOMPLISHED	Something you did or finished
SURROUNDING	All around you
IMMEDIATELY	Right now, this very instant

Page 86

DENIABILITY	The ability to say something did...
CONSIDERING	When you think about something
APPOINTMENT	A reserved period of time when you...
SUGGESTION	Giving someone a good idea for...
POPULARITY	When a bunch of people like what...

Page 90

ASTONISHED	Completely surprised by something
CONCOCTION	A mixture of several things
APPROACHED	Moved toward something
DISCREETLY	Quietly and without being seen
APPRECIATE	Really thankful

Page 93

FAIRYTALE	A make-believe story
EXAMINING	To look at something with great interest
DINOSAURS	A group of reptiles that went extinct...
COUNTRIES	An area of land that has its own...
SOLEMNLY	Doing something quietly due to sadness

Page 96

REALIZED	To suddenly understand something
OVERTAKE	To catch up with something while...
MOTIONED	Using your hand or arm to give..
INCIDENT	An event or something that happens
HESITANT	Not doing something right away while...

Page 98

FORTRESS	A really strong building that people use...
EXPECTED	Something you think is going to happen
COLOSSAL	Really big and impressive
BROWNIES	A delicious thick cake made with...
ADVISORS	Someone that gives you good advice...

Chapter Nine:

Page 100

KNOWLEDGEABLE	Knowing a lot about a certain topic
INTERNATIONAL	Involving a different country than...
IMPROVEMENTS	Making something better
CONSTRUCTION	Using materials to build something
ADVANTAGEOUS	Something that is good for you...

Page 103

TRAMPOLINES	Stretchy material attached to a...
OVERZEALOUS	Actions that show you are really...
RESPECTIVE	Referring to a specific thing
OPERATIONS	A set of actions that is used to...
TERRITORIAL	An area that falls in the boundaries...

Page 106

AGGRESSIVE	Doing something very boldly so...
SATELLITE	Man-made or natural object that...
RECOMMEND	To suggest something that you...
PERFECTLY	Done absolutely correct with no...
ADVISEMENT	Giving someone a really good idea...

Page 109

CONVERTED	To change one thing into something...
OCCURRING	Something that is happening
ESTABLISH	To create and set forth
DEPLOYING	To send out and place something
COMBATANT	Someone that fights in wars

Page 111

ASTRONAUT	A person that goes into outer space
MINISTER	A person authorized to tell people...
CHALLENGE	To dare someone to do something...
ADDRESSED	To answer
MILITARY	A group of people with weapons...

Chapter Ten:

Page 113

ACCIDENTALLY	Not done on purpose
IMAGINATION	Using your brain to create new ideas
TREMENDOUS	Super great or fantastic
RELENTLESS	Continuous, never stopping or ending
PRODUCTIVE	Getting a lot done

Page 115

EXPERIENCE	History of doing something
CHATTERING	Quick sounds back and forth
BLUEPRINTS	A detailed drawing that shows...
STAIRCASE	The enclosure that contains the stairs
SIGNATURE	Writing your name in cursive script

Page 118

RESPONDED	To reply or answer back to someone
FAVORITES	Something you like best or better...
RESIDENCE	The place that you or someone lives
EXHAUSTED	So tired you feel like you have no...
CONTAINED	Trapped within something so that...

Page 121

STUDENTS	Someone that is going to school to...
ATTEMPTED	To try to do something
MISSIONS	A job you do that has a specific...
GREATEST	The absolute best at something
STARTLED	Surprised by something

Page 123

BASEMENT	The floor/level of a building that is...
ANTIQUES	Something that is old but still...
SWIMMER	The person that is able to move along...
GLIMMER	A faint glow or reflection of light
VOICE	The sound you make when you talk

Page 3

Q	U	L	P	T	E	P	Z	L	M	P	A	Y	L	X	B
H	U	T	N	E	M	E	T	I	C	X	E	J	Z	E	X
N	P	F	J	J	Q	J	W	N	Z	P	M	O	H	M	G
P	U	D	R	A	M	A	T	I	C	A	L	L	Y	R	N
L	Y	T	I	L	I	B	I	S	N	O	P	S	E	R	I
E	C	X	T	N	A	C	I	F	I	N	G	I	S	J	N
A	U	N	D	E	R	G	R	O	U	N	D	Q	M	S	G
S	Y	L	E	T	U	L	O	S	B	A	J	A	L	X	I
A	G	Y	L	E	T	E	L	P	M	O	C	Z	C	R	A
N	V	X	N	O	I	T	C	I	V	N	O	C	G	X	P
T	F	N	R	A	R	I	F	K	X	U	P	J	S	J	M
R	T	N	U	R	W	M	P	T	B	G	C	E	Z	Q	A
I	Y	L	G	N	I	M	L	E	H	W	R	E	V	O	C
E	Y	L	L	A	N	O	S	R	E	P	G	K	G	H	C
S	A	U	S	W	Y	B	Z	B	T	O	G	K	W	L	U

Page 9

E	X	J	W	A	T	C	H	I	N	G	K	S	M	R	H
S	Y	Y	F	O	R	G	O	T	T	E	N	Q	V	E	U
U	L	L	I	S	T	E	N	I	N	G	F	U	G	E	P
O	G	K	N	F	W	W	N	B	A	L	L	O	T	S	U
I	N	C	Y	O	Y	L	S	U	O	I	R	E	S	Y	D
R	I	I	F	X	I	W	C	L	Z	V	S	H	N	T	E
O	M	U	X	S	B	T	Q	H	Q	V	T	Q	G	L	N
L	E	Q	G	N	I	C	N	A	L	A	B	A	I	A	E
G	E	V	U	D	E	T	C	E	R	R	O	C	A	I	T
V	S	X	J	H	V	Z	S	H	T	J	L	U	P	C	H
S	T	N	E	N	A	M	R	E	P	T	M	H	M	E	G
M	X	N	R	E	M	E	M	B	E	R	A	I	A	P	I
X	R	S	T	A	Y	L	L	A	M	R	O	N	C	S	T
S	O	B	S	T	A	C	L	E	M	C	C	I	J	O	Q
Z	N	T	Y	U	I	U	I	V	Z	K	M	P	W	M	D

Page 15

V	E	C	N	E	R	R	U	C	N	O	C	I	N	H	N
S	Y	L	E	T	I	N	I	F	E	D	N	D	N	C	M
B	S	Z	L	A	I	T	N	E	D	I	S	E	R	P	D
V	U	Y	P	T	L	Q	U	G	O	I	Z	N	G	R	H
J	C	O	I	N	C	I	D	E	N	C	E	T	N	Z	V
D	S	C	R	U	T	I	N	I	Z	E	D	I	I	H	C
R	N	O	I	T	I	T	E	P	M	O	C	F	N	G	A
F	L	O	U	R	I	S	H	I	N	G	P	I	R	C	U
F	A	F	K	H	F	D	L	D	J	N	M	C	E	H	T
X	B	X	Y	E	P	O	T	F	J	Y	R	A	C	H	I
U	J	G	K	F	M	S	S	F	K	D	P	T	N	P	O
C	T	R	A	N	S	P	O	R	T	A	T	I	O	N	U
F	G	N	I	T	S	E	R	E	T	N	I	O	C	I	S
B	R	W	R	M	B	Z	O	A	M	T	W	N	D	V	L
T	T	G	U	W	R	U	J	Y	V	P	Y	C	C	K	Y

Page 21

U	F	H	U	W	K	P	H	L	Y	U	C	Y	X	T	W
F	C	U	C	N	O	I	T	A	G	I	V	A	N	K	D
G	R	S	I	S	E	S	G	N	I	L	G	N	A	D	A
V	E	A	G	R	E	E	M	E	N	T	G	D	F	Q	R
M	A	T	L	V	C	U	D	V	M	N	T	E	L	X	K
G	T	C	S	D	H	T	Y	O	I	H	P	I	N	C	N
N	U	H	Q	Y	C	G	O	L	O	W	K	G	D	W	E
I	R	E	Y	X	P	N	W	U	D	E	T	U	L	A	S
N	E	L	K	L	L	O	G	S	E	C	O	N	D	S	S
E	S	X	T	I	R	H	O	M	E	C	O	M	I	N	G
T	V	O	G	P	T	L	U	F	I	T	U	A	E	B	N
S	B	H	N	F	N	N	T	N	E	M	E	V	O	M	D
I	T	Y	U	Z	H	Q	K	V	S	R	E	W	O	L	F
L	O	L	O	R	Y	U	S	U	N	R	E	V	A	C	W
G	R	Z	A	W	K	W	A	R	D	L	Y	Y	U	Q	E

Page 27

C	P	D	Y	L	E	T	A	N	U	T	R	O	F	N	U
Z	A	T	E	C	H	N	I	C	A	L	L	Y	Q	I	P
K	V	B	R	P	D	H	J	P	R	I	B	S	A	T	G
L	A	U	I	Q	V	L	H	G	W	O	I	Z	V	R	N
E	M	K	F	N	D	N	D	A	Z	F	G	A	T	J	I
C	Q	Y	Z	F	E	E	X	X	R	P	J	P	Q	N	Z
N	P	E	K	L	Z	T	H	R	K	O	P	H	C	W	I
E	P	B	J	Z	Y	M	J	C	W	V	S	Z	J	W	N
D	S	E	I	T	I	L	I	B	A	S	I	D	K	H	G
I	E	V	A	L	J	F	Q	N	G	O	Z	B	T	L	O
F	S	N	O	I	T	A	L	U	T	A	R	G	N	O	C
N	E	S	P	E	C	I	A	L	L	Y	A	P	Q	D	E
O	A	I	N	A	V	L	Y	S	N	N	E	P	P	E	R
C	S	N	O	I	T	S	E	U	Q	E	N	X	Z	A	S
N	X	A	A	S	S	I	S	T	A	N	T	U	D	E	M

Page 33

L	N	O	V	E	M	B	E	R	Z	C	M	Q	T	W	K
M	T	F	I	V	W	H	Z	D	Q	C	L	X	W	I	N
A	J	A	C	P	L	A	E	H	A	S	D	E	A	E	A
G	G	O	V	E	R	N	M	E	N	T	E	C	S	X	E
N	Z	C	Q	D	I	D	E	L	N	U	T	N	H	I	K
I	F	B	H	A	M	E	M	I	D	B	A	A	I	N	R
T	T	D	L	U	D	R	O	C	S	E	C	R	N	S	I
U	N	P	E	N	R	U	R	O	I	X	I	T	G	T	M
D	X	S	F	T	B	S	I	P	T	E	D	N	T	A	P
E	U	W	S	I	D	A	E	T	U	C	E	E	O	L	R
M	V	Y	K	N	G	E	S	E	A	U	D	Y	N	L	E
Z	N	W	J	G	N	R	O	R	T	T	F	M	G	E	S
Y	E	H	H	Z	Z	T	S	P	I	I	N	O	N	D	S
C	O	U	N	T	R	Y	J	D	O	V	A	X	C	C	E
D	D	I	R	E	C	T	I	O	N	E	U	W	E	C	D

Page 40

C	N	C	H	P	N	O	I	T	A	N	I	T	S	E	D
F	E	O	E	L	B	A	T	R	O	F	M	O	C	C	J
Z	J	N	T	H	O	Q	W	C	M	V	W	P	M	O	V
Y	P	S	W	R	R	I	I	V	M	D	F	L	U	A	B
L	K	T	L	S	A	O	K	W	N	K	Z	Z	D	U	M
L	Z	I	V	N	Z	D	X	W	K	H	O	H	Q	R	G
A	U	T	G	X	N	O	I	T	A	V	R	E	S	E	R
I	H	U	R	L	A	K	R	T	X	X	L	B	U	C	A
C	F	T	N	O	I	T	A	G	I	L	B	O	J	O	C
I	S	I	Q	M	T	N	V	U	U	O	Z	Z	X	G	E
F	N	O	I	T	A	R	U	G	U	A	N	I	D	N	F
F	Q	N	Q	V	G	U	S	P	C	M	K	A	A	I	U
O	V	U	V	V	H	U	G	M	E	O	X	Q	L	Z	L
Z	C	I	Y	S	S	E	R	T	S	M	A	E	S	E	L
C	P	Y	L	L	U	F	H	T	I	A	F	V	B	D	Y

Page 46

O	N	C	Z	C	P	Z	Z	I	K	I	H	O	J	I	T
S	F	U	D	O	M	E	S	T	I	C	S	B	R	A	A
K	Y	R	S	D	R	A	W	K	C	A	B	E	D	Q	K
W	A	T	P	W	U	Z	B	D	R	O	A	G	G	D	S
S	U	A	U	Z	Y	W	N	E	O	D	M	R	K	E	G
N	N	I	Z	W	R	A	M	O	D	X	F	A	A	M	N
O	U	N	Z	E	D	A	L	R	Y	R	N	H	S	I	I
I	S	S	L	U	C	C	E	L	W	G	O	C	S	A	D
S	U	U	E	V	V	S	K	A	E	N	J	S	E	L	L
I	A	O	D	P	S	L	S	H	X	G	L	I	S	C	I
C	L	P	A	I	N	T	I	N	G	S	I	D	S	X	U
E	C	S	N	S	A	L	L	O	W	E	D	A	I	E	B
D	Z	G	W	O	I	W	Q	K	C	T	Q	C	N	K	E
W	O	N	D	E	R	E	D	R	W	L	H	D	G	C	L
B	Y	L	N	M	E	L	O	S	P	A	R	D	O	N	E

Page 52

F	W	S	H	S	I	N	O	O	T	R	A	C	A	B	V
F	N	B	Z	Y	F	X	S	L	W	O	O	E	D	T	I
A	Y	L	G	N	I	V	O	R	P	P	A	U	D	K	H
S	W	J	Q	I	N	L	Z	G	W	J	C	J	S	F	Y
S	S	I	I	G	N	I	T	C	E	L	L	O	C	A	M
O	W	Q	W	V	K	S	M	A	H	W	H	S	L	T	A
C	R	W	X	F	Z	H	T	L	Q	D	Y	W	T	J	I
I	N	O	I	T	A	S	R	E	V	N	O	C	T	G	N
A	S	E	V	I	T	A	T	N	E	S	E	R	P	E	R
T	J	F	T	N	E	M	E	T	I	C	X	E	G	M	O
E	E	T	A	M	I	T	S	E	R	E	D	N	U	M	F
D	W	P	S	T	O	R	Y	T	E	L	L	E	R	P	I
C	G	A	T	O	J	H	A	C	Q	W	D	U	A	O	L
V	G	T	N	E	M	N	O	R	I	V	N	E	C	A	A
T	D	E	C	N	I	V	N	O	C	N	U	X	O	N	C

Page 58

N	A	D	E	U	N	I	T	N	O	C	A	C	D	V	Q
R	S	T	G	N	V	D	W	J	D	W	E	A	H	B	N
Q	D	N	T	Q	W	P	B	E	X	E	R	C	I	S	E
O	N	E	S	F	R	O	R	C	E	C	Y	A	G	K	T
W	A	M	T	M	I	R	A	M	N	E	K	D	N	C	I
Y	S	E	S	A	D	T	L	F	N	Y	J	V	I	X	F
I	U	Z	R	J	M	R	U	C	A	C	X	U	L	A	V
M	O	A	O	O	S	A	C	O	S	O	E	V	L	C	G
P	H	M	S	R	U	I	I	N	E	M	N	I	O	R	T
L	T	A	S	I	O	T	T	G	N	M	O	R	R	O	A
E	D	P	I	T	V	S	R	R	A	O	Y	G	T	N	A
M	K	V	C	Y	R	U	A	E	T	T	R	I	S	Y	N
E	Z	Q	S	R	E	K	P	S	O	I	E	N	U	M	Z
N	G	O	O	D	N	E	S	S	R	O	V	I	A	G	F
T	L	U	J	C	D	C	T	P	S	N	E	A	Y	H	J

Page 64

D	T	N	E	L	U	D	U	A	R	F	A	R	G	Q	R
M	D	E	M	M	A	R	G	O	R	P	S	G	M	Z	Q
E	H	I	B	C	D	E	T	A	R	T	L	I	F	N	I
N	I	N	V	E	S	T	I	G	A	T	I	N	G	N	D
F	Z	L	R	X	S	K	N	P	E	W	B	B	Z	P	P
O	T	I	E	F	R	E	T	N	U	O	C	R	R	I	F
R	M	P	K	I	Y	T	Z	K	J	V	R	R	J	V	P
C	N	O	I	T	A	R	T	S	I	N	I	M	D	A	C
E	J	I	W	I	N	T	E	R	R	U	P	T	I	N	G
M	E	O	X	N	Q	N	O	I	T	C	E	T	O	R	P
E	H	U	Z	Q	Z	I	P	E	H	T	K	Y	F	H	X
N	Y	I	M	P	R	E	S	S	I	V	E	V	M	A	J
T	Y	P	M	A	D	D	K	Y	M	T	C	K	Z	S	L
U	E	L	B	A	K	A	T	S	I	M	N	U	P	E	W
O	N	O	I	T	A	C	I	F	I	T	O	N	R	T	Q

Page 70

K	Z	H	C	L	E	V	E	L	A	N	D	X	C	I	A
U	X	R	S	L	Q	N	T	S	U	O	I	R	E	S	U
N	M	Q	W	R	A	H	O	N	Q	T	N	U	P	G	S
O	B	D	Q	G	O	C	S	I	E	J	X	D	T	U	T
W	I	T	H	O	U	T	I	U	T	M	K	Z	B	V	R
W	A	R	N	I	N	G	I	T	D	C	P	P	Z	A	A
H	E	S	I	T	A	T	E	S	I	D	E	I	H	Q	L
D	T	N	A	T	R	O	P	M	I	L	E	L	U	Y	I
W	H	I	S	P	E	R	E	D	K	V	O	N	L	Q	A
J	T	J	K	C	U	R	R	E	N	C	Y	P	L	O	E
H	V	V	F	I	N	A	N	C	I	A	L	N	E	Y	C
P	D	P	S	T	O	I	R	T	A	P	Q	H	N	U	T
R	W	A	Y	G	N	I	H	S	A	D	S	X	N	S	T
U	S	F	A	M	I	L	I	E	S	S	O	X	A	U	M
Q	K	J	R	I	W	A	F	E	I	P	N	M	L	X	J

Page 77

Q	E	F	T	N	E	M	N	G	I	S	S	A	V	F	C
O	S	G	L	O	X	F	D	U	M	E	C	G	Y	T	R
N	H	N	A	P	P	O	I	N	T	M	E	N	T	Q	I
O	S	I	J	L	C	G	T	B	Y	D	R	I	I	K	M
I	H	T	R	M	L	G	Q	E	S	B	A	R	R	K	M
T	O	A	X	V	R	J	R	L	G	E	Y	E	A	X	E
S	U	R	R	O	U	N	D	I	N	G	J	D	L	C	D
E	L	O	Y	E	M	T	Q	E	S	D	K	I	U	L	I
G	D	C	E	V	W	Y	S	V	X	E	W	S	P	O	A
G	E	E	A	S	M	L	R	A	R	R	W	N	O	U	T
U	R	D	U	K	L	R	Y	B	B	L	O	O	P	J	E
S	S	E	D	E	H	S	I	L	P	M	O	C	C	A	L
G	P	R	Z	J	G	Z	W	E	F	D	W	N	P	F	Y
X	T	Y	T	I	L	I	B	A	I	N	E	D	I	N	B
R	Z	Y	J	C	D	X	F	N	I	Q	J	M	E	P	Z

Page 83

E	N	K	T	D	E	Z	I	R	O	M	E	M	S	A	B
R	U	G	O	O	V	E	R	B	O	A	R	D	K	W	T
B	M	R	A	X	P	P	H	A	N	D	I	W	O	R	K
G	E	O	T	P	E	J	D	E	R	E	V	I	L	E	D
N	R	W	M	F	C	V	G	N	I	T	N	I	O	P	U
I	O	L	E	K	A	F	I	P	C	A	B	T	X	O	T
R	U	I	A	O	F	O	B	T	T	W	N	T	P	J	I
O	S	N	L	A	E	A	J	Y	C	Q	F	E	E	M	Y
L	Z	G	N	I	T	A	L	W	D	E	R	D	P	F	T
P	N	L	A	V	E	I	D	E	M	A	F	R	R	X	I
X	Y	L	H	R	R	I	X	Q	T	W	E	F	Y	C	L
E	G	A	R	C	I	I	E	O	R	S	J	D	E	M	I
N	I	E	N	N	A	J	R	D	S	N	I	N	J	A	G
A	S	E	I	D	O	O	G	E	F	M	Q	F	Y	E	A
R	K	K	W	N	P	N	D	G	N	I	N	N	I	R	G

Page 89

N	N	S	C	V	E	D	A	N	E	M	O	R	P	C	C
E	J	V	D	S	B	E	G	L	H	U	I	T	J	D	H
T	D	F	C	S	Q	U	A	M	D	Y	O	Q	N	K	D
A	X	D	O	X	O	O	A	V	I	M	T	H	B	C	E
I	F	W	U	N	D	E	N	I	A	B	L	E	U	U	H
C	A	C	C	O	M	P	A	N	I	E	D	E	K	G	C
E	W	C	B	F	V	C	M	H	Y	Y	I	S	O	S	A
R	G	N	I	N	G	I	S	E	D	E	R	C	H	C	O
P	C	K	I	W	D	I	S	C	R	E	E	T	L	Y	R
P	Y	Y	G	W	M	O	J	O	A	Y	V	O	P	X	P
A	F	F	D	E	N	I	A	T	N	I	A	M	Z	K	P
G	G	N	I	D	N	A	T	S	R	E	D	N	U	T	A
Y	N	O	F	J	U	N	P	O	P	U	L	A	R	G	E
N	N	C	O	N	C	O	C	T	I	O	N	A	D	K	Z
I	D	E	H	S	I	N	O	T	S	A	Q	W	F	O	S

Page 95

K	X	J	A	B	E	W	O	P	T	V	V	X	A	K	M
Q	O	R	P	D	E	Z	I	L	A	E	R	G	I	J	D
P	U	N	R	L	A	S	S	O	L	O	C	A	N	N	E
Q	J	F	D	I	N	O	S	A	U	R	S	P	M	M	K
D	I	E	M	Q	H	X	B	D	Z	N	X	F	T	O	L
E	Y	L	N	M	E	L	O	S	R	Q	L	F	V	T	A
T	T	N	A	T	I	S	E	H	K	F	A	V	G	I	W
C	S	E	I	R	T	N	U	O	C	I	F	N	B	O	I
E	W	X	B	U	G	R	V	M	R	O	I	M	R	N	N
P	Q	B	D	D	G	E	A	Y	R	N	E	R	O	E	C
X	P	A	I	Z	R	R	T	T	I	J	S	I	W	D	I
E	Q	P	W	T	B	A	R	M	N	M	Z	F	N	W	D
V	K	P	A	L	L	E	A	B	N	K	W	W	I	C	E
H	E	K	E	E	S	X	A	D	V	A	N	C	E	D	N
L	E	D	P	S	E	A	D	V	I	S	O	R	S	X	T

Page 101

F	N	J	C	O	B	G	N	I	D	N	A	M	M	O	C
E	X	K	W	H	K	N	T	U	B	N	N	H	Y	F	K
J	Q	U	A	D	V	A	N	T	A	G	E	O	U	S	R
E	L	A	N	O	I	T	A	N	R	E	T	N	I	R	T
V	T	R	A	M	P	O	L	I	N	E	S	V	O	J	E
I	E	L	B	A	E	G	D	E	L	W	O	N	K	L	R
T	H	N	T	E	G	Y	Q	R	O	H	S	G	R	K	R
C	C	I	T	A	M	O	L	P	I	D	T	A	C	D	I
E	C	K	G	M	B	Q	S	B	C	F	L	C	A	N	T
P	D	W	A	C	R	J	R	Y	D	K	I	P	G	M	O
S	I	C	C	O	N	S	T	R	U	C	T	I	O	N	R
E	S	N	O	I	T	A	R	E	P	O	Z	S	J	O	I
R	M	U	I	M	P	R	O	V	E	M	E	N	T	S	A
K	S	U	O	L	A	E	Z	R	E	V	O	I	X	S	L
E	R	E	H	S	A	W	E	N	N	A	H	Y	L	U	H

Page 108

V	B	P	G	R	E	T	S	I	N	I	M	J	U	J	R
G	F	D	K	Q	T	H	J	F	Y	O	H	U	F	U	R
N	H	N	C	E	Y	R	A	T	I	L	I	M	R	J	T
I	D	E	K	V	X	D	N	E	M	M	O	C	E	R	P
Y	E	G	P	I	A	U	A	C	O	W	G	T	C	T	E
O	T	N	J	S	S	V	D	L	R	E	N	M	Q	N	R
L	R	E	E	S	T	N	E	M	E	S	I	V	D	A	F
P	E	L	T	E	R	C	S	I	Y	T	R	Z	L	T	E
E	V	L	I	R	O	H	S	S	R	A	R	L	I	A	C
D	N	A	L	G	N	A	E	L	E	B	U	O	L	B	T
J	O	H	L	G	A	I	R	A	G	L	C	R	A	M	L
L	C	C	E	A	U	R	D	N	A	I	C	F	S	O	Y
J	X	U	T	J	T	M	D	D	M	S	O	O	J	C	F
A	Y	I	A	H	O	A	A	S	I	H	C	A	V	Z	X
F	V	O	S	A	J	N	X	D	A	E	N	N	A	C	L

Page 114

U	B	C	D	V	W	C	E	H	X	T	R	Y	U	M	N
O	**E**	**C**	**N**	**E**	**I**	**R**	**E**	**P**	**X**	**E**	Q	M	Y	B	S
G	W	**E**	M	H	X	M	C	H	X	U	R	I	E	Y	V
T	E	**R**	O	J	B	N	R	D	V	W	T	C	X	N	D
R	U	**U**	E	**A**	**C**	**C**	**I**	**D**	**E**	**N**	**T**	**A**	**L**	**L**	**Y**
E	**S**	**T**	**N**	**I**	**R**	**P**	**E**	**U**	**L**	**B**	J	D	X	G	T
L	S	**A**	P	B	D	A	W	P	M	X	D	Y	W	Y	O
E	P	**N**	T	**I**	**M**	**A**	**G**	**I**	**N**	**A**	**T**	**I**	**O**	**N**	C
N	Q	**G**	**T**	**R**	**E**	**M**	**E**	**N**	**D**	**O**	**U**	**S**	X	B	B
T	**M**	**I**	**L**	**K**	**S**	**H**	**A**	**K**	**E**	**S**	G	S	S	P	Y
L	A	**S**	**C**	**H**	**A**	**T**	**T**	**E**	**R**	**I**	**N**	**G**	T	I	Q
E	U	R	M	G	**B**	**A**	**S**	**K**	**E**	**T**	**B**	**A**	**L**	**L**	D
S	H	**E**	**S**	**A**	**C**	**R**	**I**	**A**	**T**	**S**	R	H	Q	H	L
S	N	M	P	P	**E**	**V**	**I**	**T**	**C**	**U**	**D**	**O**	**R**	**P**	T
B	S	K	O	O	B	S	E	V	O	L	E	N	N	A	N

Page 120

W	X	I	X	C	D	A	N	N	E	K	P	Y	N	F	P
D	**D**	**M**	**I**	**S**	**S**	**I**	**O**	**N**	**S**	K	Y	O	**R**	N	Z
E	**E**	**G**	**N**	**I**	**D**	**N**	**U**	**O**	**S**	H	A	**O**	A	O	X
T	**T**	I	K	H	F	**S**	**E**	**T**	**I**	**R**	**O**	**V**	**A**	**F**	**C**
S	**P**	**G**	**R**	**E**	**A**	**T**	**E**	**S**	**T**	**S**	L	H	O	**O**	**R**
U	**M**	U	J	**S**	**W**	**I**	**M**	**M**	**E**	**R**	D	**T**	**N**	**E**	G
A	**E**	D	**R**	W	K	P	G	**V**	**K**	S	**N**	**T**	**S**	H	**A**
H	**T**	**R**	**E**	**S**	**I**	**D**	**E**	**N**	**C**	**E**	**A**	**P**	**T**	**S**	**N**
X	**T**	E	**M**	B	H	**L**	**O**	**E**	**M**	**I**	**O**	R	**U**	**T**	**T**
E	**A**	Q	**M**	U	**T**	**W**	**C**	**E**	**N**	**N**	C	A	**D**	**A**	**I**
M	F	N	**I**	L	**I**	**I**	**S**	**E**	**D**	A	U	A	**E**	**R**	**Q**
F	P	I	**L**	**N**	**O**	**A**	**D**	**E**	M	E	C	F	**N**	**T**	**U**
P	E	L	**G**	**V**	**B**	F	**D**	G	J	E	S	X	**T**	**L**	**E**
S	F	**L**	N	W	K	Q	U	S	K	K	Q	T	**S**	**E**	**S**
Y	**Y**	C	M	U	F	C	K	E	Q	U	A	E	T	**D**	F

Mazes

Page 5

Page 11

Page 17

Page 23

Page 29

Page 35

Page 42

Page 48

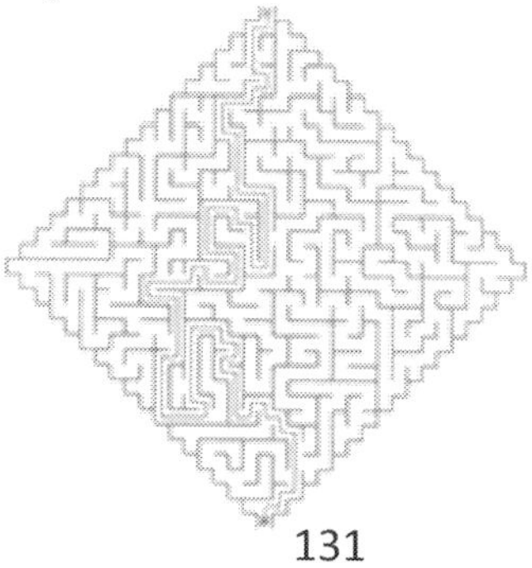

Page 54

Page 60

Page 66

Page 72

Page 79

Page 85

Page 91

Page 97

Page 104

Page 110

Page 116

Page 122

Cryptograms

Page 6:

Find the Power within you

Page 57

There is always time for popcorn

Page 92

Hard work brings dreams to life

The Danger Twins Love To Travel

Page 8

Frankfort, Kentucky	560
Topeka, Kansas	1129
Charleston, West Virginia	253
Dover, Delaware	80
Sacramento, California	2374

Page 43

Madison, Wisconsin	846
Juneau, Alaska	3718
Columbus, Ohio	411
Denver, Colorado	1492
Richmond, Virginia	95

Page 82

Salt Lake City, Utah	1844
Augusta, Maine	591
Harrisburg, Pennsylvania	95
Honolulu, Hawaii	4831
Indianapolis, Indiana	493

Page 117

Hartford, Connecticut	302
Lincoln, Nebraska	1207
Annapolis, Maryland	27
Olympia, Washington	2804
Atlanta, Georgia	638

The Danger Twins Trivia

Page 18

President Reagan	Rex
President Ford	Liberty
President Clinton	Socks
President Bush	Barney
President Carter	Grits

Page 30

President Buchanan	Greenhouse
President F. Roosevelt	East Wing
President Carter	Solar Panels
President T. Roosevelt	Tennis Courts
President Ford	Outdoor Pool

Page 67

President Nixon	Bowling Alley
President Trump	Tennis Pavilion
President Grant	Conservatory
President Ford	Secret Tunnel
President F. Roosevelt	Emerg Ops Center

Page 80

President Adams	White House
President Kennedy	Air Force One
President Harrison	Recorded Voice
President Garfield	Left-handed
President Bush	Have twins

Page 105

President F. Roosevelt	Indoor Pool
President Obama	Basketball Court
President T. Roosevelt	West Wing
President Clinton	Music Room
President F. Roosevelt	Movie Theater

The Danger Twins Math

Page 32

Doors	412
Room	132
Elevators	3
Location	1791

Page 55

Fireplaces	28
Oval built	1909
Bathrooms	35
Acres	18

Danger Crossword Puzzle

Page 117

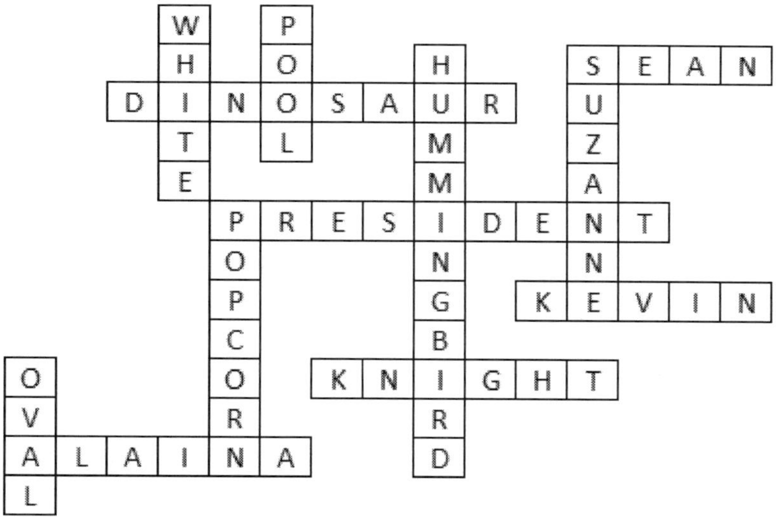

Spell the Mystery Word

Page 124

Page 17	D
Page 35	A
Page 54	N
Page 72	G
Page 91	E
Page 110	R

Made in the USA
Monee, IL
08 November 2026

67969667R00074